第2版

Notion×AI

高效管理 300招

筆記×資料庫×團隊協作×自動化
數位生活與工作最佳幫手

鄧君如 總監製／文淵閣工作室 編著

關於文淵閣工作室
ABOUT

常常聽到很多讀者跟我們說：我就是看你們的書學會用電腦的。

是的！這就是寫書的出發點和原動力，想讓每個讀者都能看我們的書跟上軟體的腳步，讓軟體不只是軟體，而是提昇個人效率的工具。

文淵閣工作室創立於 1987 年，創會成員鄧文淵、李淑玲在學習電腦的過程中，就像每個剛開始接觸電腦的你一樣碰到了很多問題，因此決定整合自身的編輯、教學經驗及新生代的高手群，陸續推出「快快樂樂全系列」電腦叢書，冀望以輕鬆、深入淺出的筆觸、詳細的圖說，解決電腦學習者的徬徨無助，並搭配相關網站服務讀者。

隨著時代的進步與讀者的需求，文淵閣工作室除了原有的 Office、多媒體網頁設計系列，更將著作範圍延伸至各類 AI 實務應用、程式設計、影像編修與創意書籍。如果你在閱讀本書時有任何的問題，歡迎至文淵閣工作室網站或者使用電子郵件與我們聯絡。

- 文淵閣工作室網站　http://www.e-happy.com.tw
- 服務電子信箱　e-happy@e-happy.com.tw
- Facebook 粉絲團　http://www.facebook.com/ehappytw

總 監 製：鄧文淵	企劃編輯：鄧君如
監　　督：李淑玲	責任編輯：鄧君怡
行銷企劃：鄧君如	執行編輯：熊文誠

本書學習資源

RESOURCE

為了幫助讀者快速掌握 Notion 筆記工具，本書設計專屬學習地圖，結合資源聚焦學習重點，提升應用能力。內容以 Google Chrome 瀏覽器示範電腦操作，Android 系統為主解析行動介面，並標註與 iOS 的差異，適合多平台使用者輕鬆上手。

✦ 學習地圖介紹

學習地圖頁面網址：https://bit.ly/e-happynotion2　以電腦瀏覽器開啟即可進入。若使用行動裝置，可掃描右側 QR Code 進入。

- **學習地圖使用方式教學影片**：可開啟 https://bit.ly/3ZVSThh，觀看本書學習資源使用方式。

- **各單元學習重點與範例**：各單元學習重點、主題範例的原始檔與 Notion 完成檔頁面。

- **免費範本資源**：提供多個文淵閣獨家免費範本，線上優質範本網站。

- **頁面設計優質圖示資源**：提供多個線上優質圖示素材網站，讓頁面圖示有更多選擇。

✦ 取得各單元範例檔案

於學習地圖 **各單元學習資源**，選按單元名連結即可進入該單元主頁，如果需下載原始檔，可於 **單元學習檔案 > 原始檔** 選按壓縮檔，該壓縮檔即會儲存至瀏覽器預設的下載資料夾，請解壓縮檔案後再使用。

如果要複製各單元完成檔或免費範本資源至自己的 Notion 帳號使用，請在瀏覽器中先註冊並登入 Notion，再進入要複製的單元頁面，選按頁面右上角 ⎘，如果帳號中有多個工作區，選擇工作區後即完成複製。

單元目錄
CONTENTS

▶ 新手篇

準備好進入 Notion 了嗎！
高效數位筆記工作術

Part

2

旅行筆記
文件基本編輯與美化頁面

預算管理
資料庫與圖表應用

Part

5 專案管理
關聯資料庫與自動化按鈕

6 食譜與購物清單
快速套用範本

7 個人化主頁
資料整合與 Notion 日曆

▶ 提升篇

Part

8 客服管理
團隊協作

Part

9 健康與運動規劃
行動裝置應用

Part 11 Notion 高效工具集
外掛整合與實用技巧

PART

01

準備好進入 Notion 了嗎！
高效數位筆記工作術

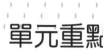 

單元重點

從註冊 Notion 帳號、認識 Notion AI、建立工作區、進階設定...等，
逐步帶領初次使用的你快速上手。

☑ 隨時都能開始的高效率工具 ☑ 刪除工作區

☑ 探索 Notion AI 智慧助手 ☑ 自訂 Notion 網域

☑ 誰適合用 Notion？ ☑ 切換 Notion 語系

☑ 註冊與登入 Notion ☑ 介面切換為深色模式

☑ Notion 的升級方案 ☑ 寫作與編輯前的準備

☑ 認識 Notion 操作介面

☑ 頁面建立方式

☑ 頁面管理

☑ 一個帳號可以有多個工作區

☑ Notion 進階設定介面

☑ 變更帳號名稱、圖片

☑ 變更工作區名稱、圖片

☑ 變更註冊的 Email 帳號

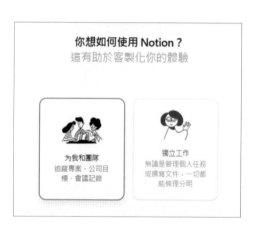

Tip 1 隨時都能開始的高效率工具　　Do it！

想要規劃生活、管理工作及專案、有計劃的完成目標，Notion 是你不可錯過的數位筆記工具。

✦ 為什麼很多人都用 Notion？

每天要做的事情堆積如山，手機中待辦事項、郵件訊息一則又一則，沒有效率的記錄方式只會讓你不記得有什麼事情需要優先完成，時常感到混亂也不知道自己在忙些什麼！

Notion 是時下最熱門的筆記軟體之一，但它不只是數位筆記！還整合了筆記本、文件與專案管理、日曆、知識資料庫...等，是一款全面功能的實用工具，個人、團隊、從生活到工作、從資料庫到報告產出都能輕鬆完成，不僅可輕鬆新增編排文字、圖片、音樂、影片、附件...等，還支援多種資料匯入類型，包含 Evernote、Word、Google Docs、CSV...等，以及 Figma、Github、YouTube...等平台內容嵌入。

Notion 更優化了團隊協作的效率，成為數位轉型、遠端工作最強協作工具，目前 Notion 全球用戶已超過 1 億，支援語言有英文、韓語、日語和法文、繁體中文...等。

Notion 官網：https://www.notion.com/zh-tw

✦ Notion 優點與特色

■ Notion 以 "區塊" 為單位，可以是文字、資料庫、多媒體 (圖片、影像、音訊)，也可以是 Google Drive、Google Map、推文...等多種不同型態的區塊，型態可任意轉換，還擁有自由編排與頁面階層無限延伸階層...等特色。

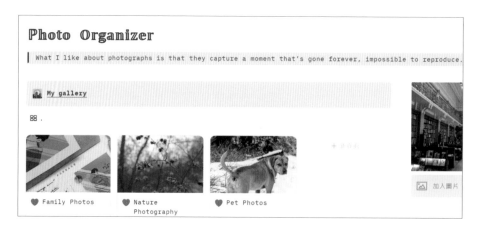

■ 提供生活、工作、學校三大主題範本，其中包括：娛樂、健康與健身、創投、網站建立、產品、工作、入學申請、教學...等情境類別，滿足多種應用需求。

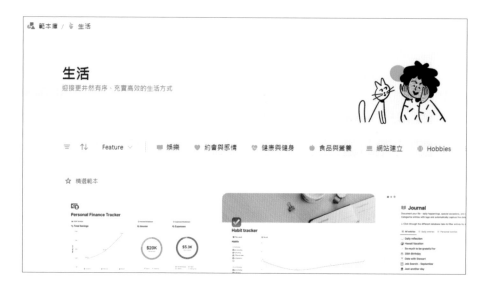

- 跨平台多種系統通用：Windows、MacOS、iOS、Android。

- 支援多平台資料內嵌：包含 YouTube、Google Drive、Google Maps、CodePen...等。

- 支援多種資料匯入類型：包含 Evernote、Word、CSV、文字與 Markdown、Dropbox Paper、Google Docs、HTML...等。

- 資料庫功能支援匯入、建置、屬性類型指定、關聯、計算、瀏覽模式切換...等全方位應用。

- 支援匯出為 PDF、HTML、Markdown & CSV 格式。

- 搭配 Chrome、Safari、Firefox 瀏覽器擴充功能，能夠直接擷取想記錄的網頁內容至 Notion。

- 支援共享、共編功能，頁面可藉由傳送網址與朋友共同編輯或分享，即使對方未註冊 Notion 帳號也能瀏覽頁面內容。

2 探索 Notion AI 智慧助手

Do it!

Notion AI 強大的功能,提供了辦公室與日常生活中更智慧、更高效的使用者體驗。

Notion AI 相較於其他 AI 工具,具有強大的整合與分析優勢,能快速將 Notion 工作區中的筆記與數據結合,提取關鍵資訊並完成分析。除此之外,能生成文章、會議記錄和報告,整理大量資料,將複雜信息轉化為表格、表單或圖表...等直觀內容,協助提高工作效率並增強決策能力,是生活與工作中不可或缺的智慧助手。

✦ 以現有內容呼叫 Notion AI

可根據目前頁面內容或狀態來呼叫 Notion AI 聊天對話框,將滑鼠指標移至內容左側選按 ⠿ > **AI 輔助**,即可呼叫 **萬事問 AI** 聊天對話框。

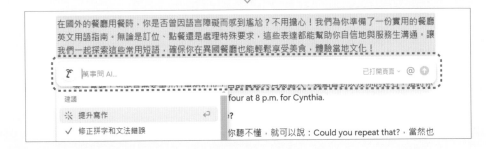

在國外的餐廳用餐時，你是否曾因語言障礙而感到尷尬？不用擔心！我們為你準備了一份實用的餐廳英文用語指南。無論是訂位、點餐還是處理特殊要求，這些表達都能幫助你自信地與服務生溝通。讓我們一起探索這些常用短語，確保你在異國餐廳也能輕鬆享受美食，體驗當地文化！

✦ 在空白區塊呼叫 Notion AI

於空白區塊按一下滑鼠左鍵產生輸入線，按一下 Space 鍵，即可呼叫 **萬事問 AI** 聊天對話框。

或是於空白區塊按一下滑鼠左鍵產生輸入線，再輸入「/ai」，選按 **更多**，即可呼叫 **萬事問 AI** 聊天對話框。

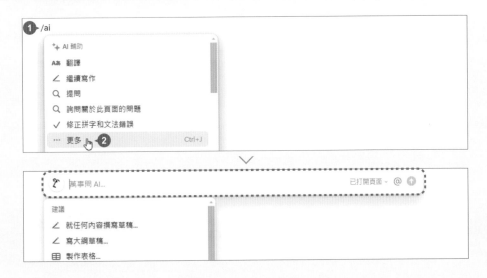

✦ 在新頁面呼叫 Notion AI

建立新頁面後，於下方選按 **萬事問 AI**，即可呼叫 **萬事問 AI** 聊天對話框。

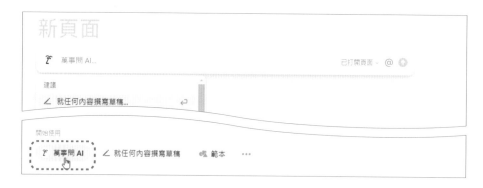

✦ 隨時呼叫 Notion AI

不管是新頁面或是已有內容的頁面，於側邊欄選按 **Notion AI** 即可呼叫 **萬事問 AI** 聊天對話框。另外於畫面右下角選按 🍌 也可以呼叫 **萬事問 AI** 聊天對話框。

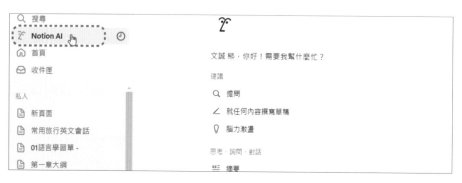

3 六大關鍵情境，誰適合用 Notion？ (Do it!)

Notion 的應用範圍極為廣泛！透過六大情境，帶你深入了解這款多元化筆記工具的應用潛力。

✦ 用電腦、行動裝置隨手記事

Notion 支援電腦與行動裝置通用，並實現資料同步，對於習慣雲端記事的用戶極為便利。同時能透過網頁擴充工具擷取資料，以及嵌入或匯入 Google Docs、Word、CSV、PDF...等文件資料，快速整合延續編輯。

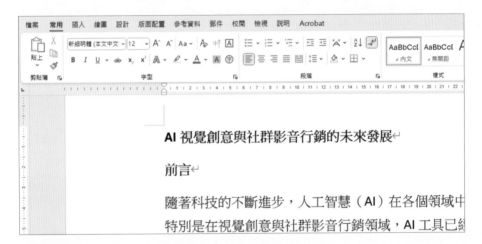

✦ 滿足學習與工作需求

無論學生，還是樂於精進學習的上班族、社會人士，用 Notion 可以記錄眾多資料，再使用資料庫分門別類整理，輕鬆應對課前準備、上課筆記、學習歷程、會議資料、團購表單，同時還能幫助你掌握每日行程、與同事朋友們共同編輯管理，Notion 都是最合適的高效率工具。

✦ 熱愛享受生活大小事

喜愛讀書、看影片、看 YouTube 學烹飪，或熱衷旅行、品嚐美食、美酒、收集星級餐廳嗎？這些美好瞬間都可以透過 Notion 隨手記錄，也可以直接套用官方提供的大量範本再整合 YouTube 影片、網頁內容、相片...等資料，以便規劃、統整與管理。讓你輕鬆捕捉生活中的每一份精彩！

✦ 資料整合與管理，解決分散資料的困擾

不論是生活或是工作上，有收集或研讀大量資料的習慣，常會面臨資料四散的困擾，有些是網頁、有些是 PDF、還有 Google Docs 分享，文字可能用 Word 編排，資料格式平台不同，要彙整十分不易，還得記得每筆資料的存放平台，真是一大考驗！現在只需將所有內容集中到 Notion，一次整合多平台文件及格式，還可藉由目錄、連結或同步區塊選單統一管理、方便規劃。

✦ 創建專業且具設計感的內容

你的骨子裡也擁有設計師基因嗎？做任何事情不僅要求作品專業完美，也希望工具平台介面要簡單有設計感？Notion 正是這樣一款結合簡約設計、靈活操作和流暢編輯的工具。能讓你自由設計出想要的版型與範本，還可搭配封面圖片及 Unsplash 圖庫輕鬆設計出待辦事項、課堂筆記、專案管理、學習知識庫...等不同的用途與領域的專業內容。

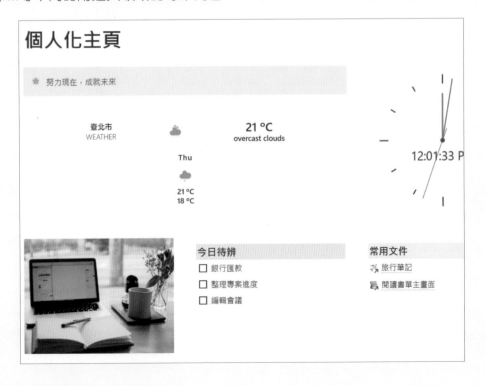

✦ 管理各種專案進度

Notion 資料庫時程表瀏覽模式可幫助你管理多個專案進度，還有表格、看板、清單、圖庫、日曆、圖表與表單...等多種瀏覽模式，依需求切換建立捷徑，快速掌握專案資料，還能建立篩選條件各別檢視，像是不同任務、專案負責人、時間、完成狀態...等，資料表計算功能也能讓你立即掌握預算不超標。

註冊與登入 Notion

(Do it！)

註冊一組 Notion 帳號，即可以開始使用 Notion 所提供的免費服務，以下介紹帳號註冊方式。

✦ 使用 Google 或 Apple 帳號註冊並建立個人工作區

step 01 開啟瀏覽器，於網址列輸入「https://www.notion.com/zh-tw」進入 Notion 官方首頁，畫面右上角選按 **登入**，再選欲註冊的帳號類型，輸入帳號與密碼登入。

step 02 進入 Notion 的第一步，需開立一個工作區，此處示範建立個人工作區的方式：在客製化體驗中選擇 **適用於個人生活**，再選按 **繼續**。

step 03　選擇 **獨立工作**，選按 **繼續**，最後選擇合適的靈感和想法 (或是選按 **暫時略過** 此操作)，選按 **繼續** 即完成註冊。

✦ 使用其他 E-mail 帳號註冊並建立個人工作區

step 01　如果沒有 Google 或 Apple 帳號，可以在畫面下方輸入其他帳號電子郵件，再選按 **繼續**，到電子郵件收取 Notion 確認信件後，複製註冊代碼。

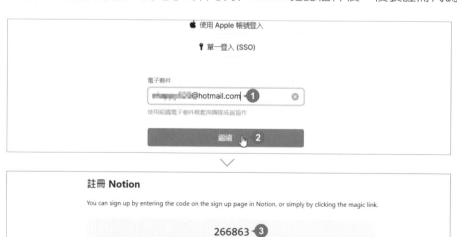

step 02 回到 Notion 註冊畫面，於 **驗證碼** 欄位貼入剛剛複製的註冊代碼，選按 **繼續**。

step 03 輸入使用名稱，設定一組密碼，選按 **繼續**，再依相同方法完成客製化體驗、靈感和想法的設定，完成註冊與個人工作區建立。

Notion 的升級方案

免費版 Notion 幾乎涵蓋大部分必要功能,足以應用在個人或職場需求,但若要解除部分應用上的限制,可以考慮升級付費方案。

✦ **免費與付費版的差異**

註冊完成後,可以依需求選擇免費版或付費版。免費版會有區塊數量和檔案上傳容量的限制,二者差異可以參考以下說明:

	免費版	Plus 版 (付費)	商業版 (付費)	企業版 (付費)
頁面與區塊	成員超過 1 人則 有區塊數量限制	無限制	無限制	無限制
檔案上傳限制	5 MB	無限制	無限制	無限制
歷史文件	7 天	30 天	90 天	無限制
協作工作空間	有	有	有	有
訪客邀請	10	100	250	250 起
權限分組	有	有	有	有
團隊協作區 (開放與封閉)	有	有	有	有
團隊協作區 (非公開)	無	無	有	有

更多詳細說明可參考官網「https://www.notion.so/zh-tw/pricing」,也可以參考官網「https://www.notion.so/zh-tw/personal」下方的 "常見問答"。

如果使用學校電子郵件註冊,即可申請升級為 Education Plus 方案,更多詳細說明可參考官網「https://www.notion.so/zh-tw/help/notion-for-education」。

✦ 訂閱 Notion AI 服務

目前 Notion AI 是 Notion 的一項服務，免費帳號的成員可獲得約 20 次使用次數。Notion AI 的功能並未包含在一般的 Notion 訂閱中，因此需要額外付費，且僅在開啟訂閱的工作區內可使用。以下示範如何訂閱 Notion AI：

step
01
側邊欄上方選按工作區名稱，再選按欲訂閱 Notion AI 的工作區，於下方選按 **設定** 開啟視窗。

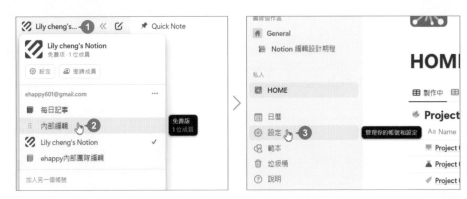

step
02
選按 **升級方案**，於 **Notion AI** 右側選按 **加入到方案**。

輸入 **付款人** 及 **付款詳細資料** 相關資料。

於 **帳單選項** 核選欲訂閱的付費方式,選按 **詳細資訊** 展開小計金額內容,確認無誤後,選按 **立刻升級** 即完成訂閱。

—— 小提示 ——

訂閱 Notion AI 需注意的重點

只有工作區的擁有者才能訂閱 Notion AI 功能,且訂閱的 AI 服務只能在所選取的工作區使用 (不是帳號中所有工作區都能使用);當工作區內有多個成員時,Notion AI 的訂閱費用由工作區擁有者負擔,並需為所有成員支付相應的費用。

認識 Notion 操作介面

Do it！

透過下圖標示，熟悉 Notion 介面各項功能位置，能讓你接下來的操作與學習過程更加得心應手。

工作區名稱及相關進階設定　　　頁面名稱　　　搜尋、Notion AI、首頁、收件匣　　　分享連結、查看評論、將頁面加到我的最愛

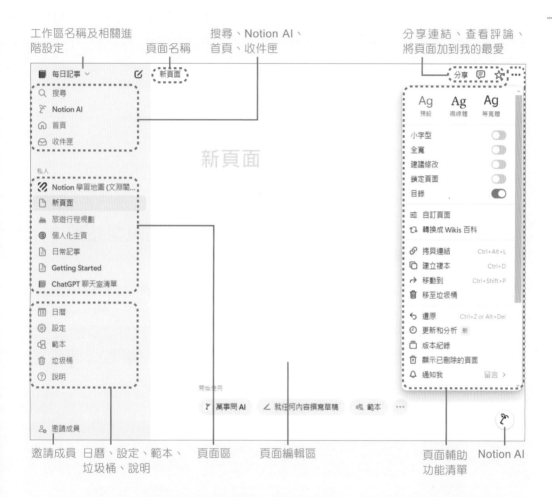

邀請成員　日曆、設定、範本、垃圾桶、說明　　頁面區　　頁面編輯區　　頁面輔助功能清單　Notion AI

- 介面左側灰色區塊統稱為側邊欄，包含：帳號、工作區及進階設定、頁面區、日曆、範本、垃圾桶、新增頁面...等功能。

- 頁面右上角選按 ⋯，清單中提供調整頁面字體大小、版面寬度、自訂頁面或鎖定頁面...等功能。

頁面建立方式

第一次進入 Notion，頁面區預設提供多款範本，也可建立新頁面自行設計版面。

✦ 新增頁面

step 01 將滑鼠指標移至側邊欄 **私人** 右側，選按 ⊞ 新增頁面。

李 李曉萍的 N... ∨ 《 ☑ 　 從個人桌面版開始吧！
Q 搜尋
⅔ Notion AI
⌂ 首頁
⊖ 收件匣

私人
＋ 新增頁面
🗋 從個人桌面版開始吧！
🗋 Monthly Budget
☰ Weekly To-do List

從個人桌面版開始吧！

📣 歡迎來到 Notion!

這些基本操作能讓你對 Notion 逐漸熟習：
☐ 點擊任何地方來開始輸入

step 02 頁面新增後，選按 **新頁面** 輸入文字，即成為該頁面名稱。

⊖ 收件匣

私人
🗋 從個人桌面版開始吧！
🗋 新頁面
🗋 Monthly Budget
☰ Weekly To-do List

❶新頁面

⊖ 收件匣

私人
🗋 每週記事
🗋 從個人桌面版開始吧！
🗋 Monthly Budget
☰ Weekly To-do List

❷每週記事

✦ 刪除預設範本頁或不需要的頁面

將滑鼠指標移至側邊欄頁面名稱右側，選按 ⋯ > **移至垃圾桶** 即可刪除該頁面。

✦ 建立子頁面

頁面下方產生的次層級頁面，通常稱為 "子頁面"。滑鼠指標移至側邊欄頁面名稱右側選按 ＋ **在內部新增頁面**，選按 **新頁面** 輸入頁面名稱後，選按 ↖ 即可展開子頁面編輯內容。

若為已經建立好的頁面，滑鼠指標移至側邊欄該頁面名稱上呈 👆，按滑鼠左鍵不放，將頁面拖曳到另一頁面名稱下方，即可成為子頁面。

拖曳頁面時，如果出現對話方塊，選按 **改以手動方式進行** 即可。

頁面管理

Do it !

善用重新命名、移動、複製或是刪除...等功能，可以有效率管理已
建立的頁面。

滑鼠指標移至側邊欄頁面名稱右側，選按 ，清單中分別有 **新增至最愛**、**拷
貝連結**、**建立複本**、**重新命名**、**移動到**、**移至垃圾桶**...等頁面管理功能。

除了如 **P1-22** 使用拖曳移動頁面，也可以利用 **移動到**。滑鼠指標移至側邊
欄頁面名稱右側，選按 > **移動到**，清單中可以選擇將頁面移至其他頁面之
下，或是移至帳號中其他工作區。(建立其他工作區可參考本章 Tip 9)

一個帳號可以有多個工作區

一個 Notion 帳號可以依不同主題或用途建立多個工作區,例如筆記、知識管理、工作項目...等,甚至建立團隊,邀請成員加入。

✦ 認識 Notion 基本架構

Notion 的架構靈活且層次分明,從帳號管理、工作區分類到頁面與區塊的運用,構成了一個全面性的資訊整合平台。

- **帳號**:Notion 是以一組使用者帳號 ,透過註冊和登入開始使用,可管理該帳號所屬的所有工作區。

- **工作區**:又分為獨立的個人工作區、他人合作的團隊工作區,個人工作區僅有自己可以進入編輯;團隊工作區只要是被邀請進入的成員,都可以共同協作。

- **頁面**:是工作區中整理資料的單位,每個頁面中可以包含多個區塊,也可以包含多個頁面或資料庫,有著層級式的建立與管理。

- **區塊**:是組成頁面內容的單位,可以是文字、資料庫、圖片、多媒體...等,型態可任意轉換,頁面中選按 + 即可新增區塊。

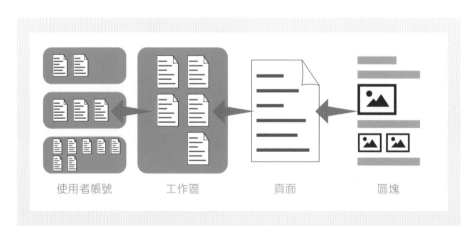

使用者帳號　　　工作區　　　　頁面　　　　區塊

✦ 建立更多工作區

Notion 一開始註冊時需建立一個工作區以開始使用，之後可根據不同主題或用途建立更多工作區，在此說明如何建立 "團隊工作區"，待後續可於 Part 08 加入成員來共用編輯。

step 01 側邊欄上方選按工作區名稱 > ⋯ > **加入或建立工作空間**。

step 02 由於是要建立團隊工作區，在客製化體驗中選擇 **工作**，選按 **繼續**，接著選擇 **為我和團隊**，再選按 **繼續**。

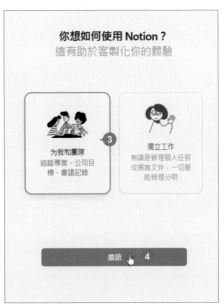

step 03 依問題選擇合適的答案，選按 **繼續**，設定團隊工作區的圖示，並於 **工作空間名稱** 欄位輸入團隊工作區名稱，再選按 **繼續**。

step 04 於 **邀請人員** 欄位中輸入欲邀請的成員 Email (或是選按 **複製邀請連結**，再將網址傳送給成員。)，再選按 **帶我到 Notion**。

step 05 最後於付費畫面下方選按 **不，謝謝，繼續使用免費版**，完成後就會進入新建立的 Notion 團隊工作區。

──── 小提示 ────

企業電子郵件帳號可加入同網域成員

■ 如果一開始是使用企業電子郵件申請、註冊 Notion 帳號,當選按 **加入或建立工作空間** 時,會看到企業同網域其他成員建立並邀請的工作區清單,選按即可加入;若選按 **建立工作空間**,即可按照步驟建立工作區。

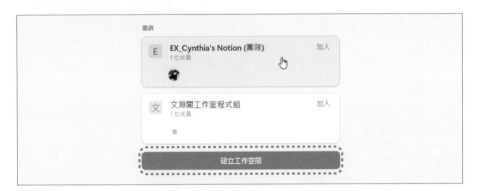

■ 邀請成員加入工作區的畫面中,只要核選 **任何擁有「@網域名稱」電子郵件的人,都可以加入你的工作空間** 項目,即會自動邀請同網域的其他使用者。

待其他成員登入 Notion，即可於工作區清單中看到已被邀請加入的工作區名稱。

小提示

建立個人工作區

若要建立個人工作區，在選按 **加入或建立工作空間** 後，再依 P1-13 相同的操作方法，即可建立個人工作區。

✦ 工作區間切換

建立或加入多個工作區後，可於側邊欄上方選按工作區名稱，在清單中選按想切換的其他工作區名稱，即可進入該工作區。

10 Tip

Notion 進階設定介面

更換帳號名稱、圖片或註冊 Email、自訂網域、變更工作區名稱...等操作,都可以藉由 **設定** 視窗輕鬆完成。

側邊欄選按 **設定** 開啟視窗,以下列出各功能簡介,詳細操作方式可參考後續說明:

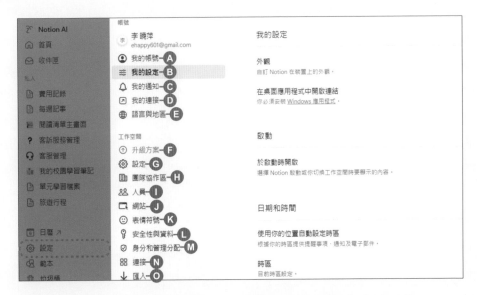

Ⓐ **我的帳號**:帳號相關設定管理

Ⓑ **我的設定**:自訂外觀、啟動項目、隱私...等設定

Ⓒ **我的通知**:各項推送或電子郵件通知...等設定

Ⓓ **我的連接**:查看、探索已連接或可連接的應用式與存取權限

Ⓔ **語言與地區**:切換用戶介面語言

Ⓕ **升級方案**:訂閱升級方案

Ⓖ **設定**:工作區的相關設定

Ⓗ **團隊協作區**:管理團隊協作項目

Ⓘ **人員**:管理團隊成員與訪客

Ⓙ **網站**:管理網域名稱和所有已發布的頁面

Ⓚ **表情符號**:建立自訂表情符號

Ⓛ **安全性與資料**:停用網站、禁用匯出、邀請訪客或存取頁面...等相關設定

Ⓜ **身分和管理分配**:網域、使用者管理、SAML、SCIM...等相關設定

Ⓝ **連接**:管理已連接的應用程式

Ⓞ **匯入**:匯入外部資料

Tip

11 變更帳號名稱、圖片

Do it !

使用好記的帳號名稱，或是幫帳號上傳一張容易辨識的圖片，能在團隊協作中提升帳號辨識度。

step 01
側邊欄選按 **設定** 開啟視窗，再選按 **我的帳號** > **上傳照片** (或選按目前的照片) 開啟對話方塊，選擇欲上傳的圖片檔案後，選按 **開啟**。

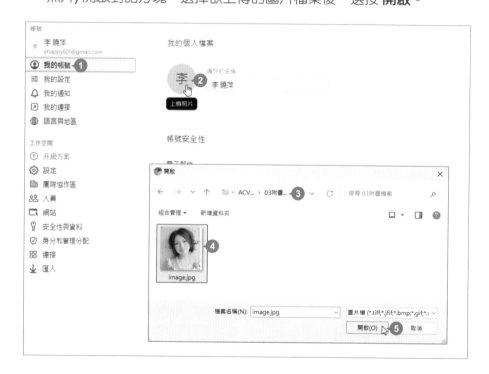

step 02
於 **偏好的名稱** 欄位中輸入欲使用的帳號名稱，再於任意空白處按一下滑鼠左鍵，即可完成圖片與帳號名稱的變更。

變更工作區名稱、圖片

個人工作區名稱預設會以帳號名稱命名,可以為不同的工作區重新命名,方便區分不同屬性或主題。

step 01 先切換至欲變更名稱的工作區,側邊欄選按 **設定** 開啟視窗,再於 **工作空間** 選按 **設定**,於 **名稱** 欄位輸入工作區新名稱。

step 02 選按 **圖示** 縮圖,於 **表情符號** 清單選按合適圖片。(或利用 **自訂** 上傳圖片),完成後於下方選按 **更新** 完成變更。

N 新手篇

01 高效數位筆記工作術

Tip 13 變更註冊的 Email 帳號

若因工作或使用需求要將原註冊的 Email 帳號更換為企業、教育單位或其他 Email，可以參考以下方式更改。

step 01　側邊欄選按 **設定** 開啟視窗，選按 **我的帳號**，於 **電子郵件** 右側選按 **變更電子郵件**。

step 02　選按 **傳送驗證碼**，接著會發送一組驗證碼至郵件信箱中，收取信件後，複製該驗證碼並貼入欄位中，選按 **繼續**。

step 03　輸入新的電子郵件，選按 **傳送驗證碼**，於新輸入的電子郵件收取信件並複製該驗證碼貼入欄位中，選按 **變更電子郵件** 即完成。

Tip 14 刪除工作區

在確定不再需要該工作區後,可依以下步驟進行刪除。請注意,刪除後相關資料將無法恢復,操作需謹慎。

step 01 先切換至欲刪除的工作區,側邊欄選按 **設定** 開啟視窗,再於 **工作空間** 選按 **設定**。(建議可以先複製 **名稱** 欄位文字。)

step 02 於下方選按 **刪除整個工作空間**,接著在欄位中輸入工作區名稱 (可貼上前一個步驟複製的文字),選按 **永久刪除工作空間** 即可刪除該工作區。

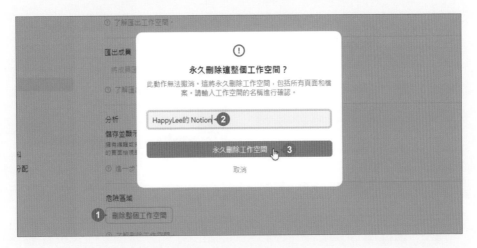

Tip

15 自訂 Notion 網域

分享連結時，預設會以一組英數字做為網域名稱起始，如果覺得複雜不好記，可以將它改為好記又簡單的名字。

step 01 先切換至欲變更網域名稱的工作區，側邊欄選按 **設定** 開啟視窗，於 **工作空間** 選按 **網站**，**網域** 右側選按 ⋯ > **更新**。

step 02 輸入欲使用的名稱，選按 **儲存變更**，最後選按 **已完成** 即可。

step 03 日後分享或發布時 (相關操作可參考 P2-27)，網址會以設定的 **網域** 為起始。

16 切換 Notion 語系

Tip

Do it !

Notion 註冊時會依地區自動切換語系，如果你目前使的介面語系不符需求，可依以下方式切換。

step 01 側邊欄選按 **設定** 開啟視窗，再選按 **語言與地區**。

step 02 於 **語言** 右側選按當前語系清單鈕，清單中可選擇欲變更的語系，再選按 **更新內容** 即可。

17 介面切換為深色模式

Notion 介面支援深色模式，可配合工作環境需求調整，提供使用者更舒適的視覺體驗與操作感受。

step 01　側邊欄選按 **設定** 開啟視窗，再選按 **我的設定**。

step 02　於 **外觀** 項目右側選按 **使用系統設定** 清單鈕，清單中選按 **深色** 即可將介面切換為深色模式。

Tip 18 寫作與編輯前的準備

Do it !

開始進入後續章節的主題範例操作前,先認識三個基礎編輯工具,並學習如何產生樣式或內容的方法,讓你可以更有效率的使用 Notion。

✦ 認識編輯工具

編輯頁面內容時,有三個必備工具,以下簡單整理:

■ ⊞:滑鼠指標移至空白區塊左側選按 ⊞,清單中提供 **文字、頁面、待辦清單**...等各式區塊類型,選按所需的區塊類型後,該區塊會自動添加到頁面。

■ ⠿:滑鼠指標移至空白區塊左側選按 ⠿,清單中提供 **建議、AI 輔助、刪除、建立複本、轉換成**...等功能,選按即可套用,按住 ⠿ 不放拖曳可變更區塊位置。

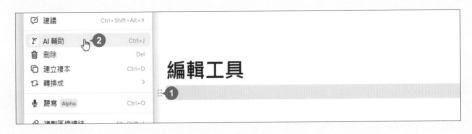

- /：空白區塊輸入「/」加上指令，如「/標題」(或「/heading」)、「/建立複本」(或「/duplicate」)…等，可呼叫插入清單，並顯示與該指令相關區塊類型，選按所需的區塊類型後，該區塊會自動添加到頁面。

✦ 內容產生的方法

Notion 頁面產生內容的方法，有以下四種：

- 直接輸入：除了輸入文字、數值、符號… 等內容，還包含可快速產生樣式套用的指令，如輸入「*」+ 空白鍵產生項目符號格式、輸入「#」+ 空白鍵產生標題 1 格式…等。(快速鍵可參考書附折頁)

- 選按 ⊞：滑鼠指標移至空白區塊左側選按 ⊞，清單中提供各式區塊類型項目，選按即加入頁面。

- 輸入「/」：空白區塊輸入「/」加上指令，如「/資料庫」(或「/database「)、「/引用」(或「/callout」)、「/標註」(或「/quote」)…等，可於清單中選按合適的區塊類型項目或直接按 Enter 鍵產生。

- 從電腦檔案總管視窗中拖曳：本機中的圖片、文件或影片…等檔案，可以用拖曳方式直接插入至Notion 頁面。

PART

02

旅行筆記

文件基本編輯與美化頁面

單元重點

從建立空白頁面開始,新增標題,插入內文樣式頁面風格、文字編輯、表格、Google Maps...等,輕鬆上手,擁有第一份 Notion 筆記文件。

☑ 新增第一個頁面

☑ 設計頁面風格

☑ 套用區塊樣式

☑ 套用文字樣式

☑ 新增表格

☑ 變更頁面字型與大小

☑ 加入 Google Maps

☑ Notion AI 快速生成旅
　遊資訊與表格

☑ 分享頁面與權限設定

☑ 設定我的最愛與查看
　頁面編輯紀錄

Notion 學習地圖 \ 各章學習資源

作品:Part 02 旅行筆記 - 文件基本編輯與美化頁面 \ 單元學習檔案

新增第一個頁面

開新頁面後，記得為頁面命名。建立好的頁面老是找不到？大都是因為忘了為頁面命名或沒有加上適合的名稱。

✦ 開新頁面

側邊欄 **私人** 右側選按 ⊞ 新增頁面。

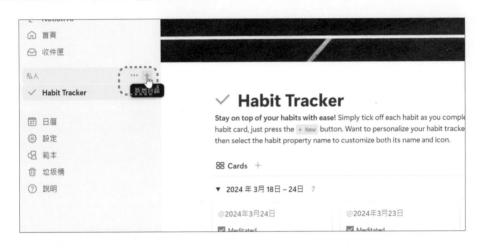

✦ 頁面命名

選按 **新頁面** 輸入頁面名稱。

2 設計頁面風格

圖示與封面圖片可營造整個版面氛圍並強調主題,同時側邊欄頁面名稱左側也會顯示圖示以方便辨識。

✦ 建立頁面圖示

頁面圖示可使用 Notion 內建 **表情符號、圖示** 圖庫 (選按 **隨機** 可隨機顯示);還可於 **上傳** 標籤上傳電腦中的圖片 (建議大小 280×280 像素),或貼上圖片的網址。

step 01 滑鼠指標移至頁面名稱上方,選按 **加入圖示**。

step 02 頁面名稱上方會出現隨機圖示,選按圖示顯示 **表情符號** 清單,選按合適圖示即可變更。(也可以在 **飾選** 欄位輸入關鍵字搜尋)

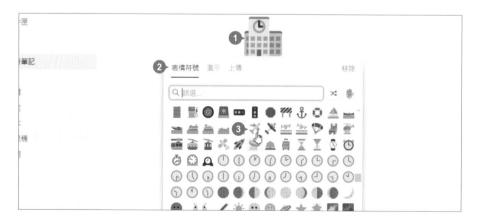

✦ 建立封面圖片

封面圖片可使用 Notion 圖片資料庫 **圖庫** 或 **Unsplash** 高品質圖庫，還可以選按 **上傳** 上傳電腦中圖片 (建議寬度至少 1,500 像素)，或選按 **連結** 貼上圖片網址。

step 01 滑鼠指標移至頁面名稱上方，選按 **加入封面**。

> 📷 加入封面　💬 加入評論
> # 旅行筆記

step 02 頁面上方會隨機套用圖片，滑鼠指標移到圖片，選按 **變更封面** 可選擇合適圖片套用。在此選按 **Unsplash**，於搜尋欄位輸入關鍵字 (此範例輸入「travel」)，選按合適圖片即可變更。

step 03 空白處按一下即可關閉清單。

✦ 調整封面圖片位置

加入圖片之後可以依需求調整圖片到最合適位置。

step
01
　滑鼠指標移到圖片，於右上角選按 **調整位置**。

step
02
　滑鼠指標呈 ✥，按著圖片拖曳至合適位置，再選按 **儲存位置** 即完成位置調整。

—— 小提示 ——

刪除小圖示或封面圖片

在變更圖示或封面圖片清單右上角選按 **移除** 即可移除。

套用區塊樣式

Do it !

輸入文字前可以先設定區塊樣式,這樣整份內容即可藉由樣式清楚的分辨標題、內文,或是編號項目。

✦ 標題樣式

Notion 中有 **標題 1**、**標題 2**、**標題 3** 三種標題樣式,常用於顯示重要文字或標題。

step 01 頁面名稱下方按一下滑鼠左鍵,滑鼠指標移至區塊左側選按 ⊞。

> ### 旅行筆記
>
> ❷ ⊞ ⠿ 為 ❶ 東西,或按「空格」啟用 AI,按「/」輸入指令...

step 02 清單中選按 **標題 3**,輸入「旅行資料」,按 Enter 鍵,文字即會套用標題 3 樣式呈現。

step 03 依相同方法，輸入另外二個 **標題 3** 文字，分別是「日本旅遊注意事項」與「相關交通圖」。

> # 旅行筆記
>
> 旅行資料
>
> 日本旅遊注意事項
>
> 相關交通圖

✦ 段落編號樣式

套用 **有序列表** 樣式可以為文字加上編號，按 Enter 鍵會延續套用並以流水號呈現，如果想取消可按二下 Enter 鍵。

step 01 滑鼠指標移至 "旅行資料" 左側選按 ⊞，清單中選按 **有序列表**。

step 02 輸入「地點：日本關西大阪」，按 Enter 鍵，再分別輸入「時間：2025/5/20-2025/5/27」與「航空公司：JAL/日航」。

> **旅行資料**
>
> 1. 地點：日本關西大阪
> 2. 時間：2025/5/20-2025/5/27
> 3. 航空公司：JAL/日航

✦ 項目符號樣式

套用 **項目符號列表** 樣式可以為文字加上項目符號，按 Enter 鍵會延續套用，如果想取消可按二下 Enter 鍵。

step 01 滑鼠指標移至 "相關交通圖" 左側選按 ⊞，清單中選按 **項目符號列表**。

step 02 輸入「飯店1 - 淀屋橋京阪飯店」，按 Enter 鍵，再輸入「飯店2 - 大阪淀屋橋三井花園飯店」。

相關交通圖
- 飯店1 - 淀屋橋京阪飯店
- 飯店2 - 大阪淀屋橋三井花園飯店

小提示

新增樣式方法

新增段落樣式或清單中的物件，除了選按 ⊞，也可以輸入「/」再選擇要加入樣式或物件，詳細操作可以參考 Part 04。

套用文字樣式

選取文字後，從自動顯示的工具列可以快速變更文字樣式：加粗、刪除線、顏色...等，用來標示資料重點。

✦ 粗體與底線

step 01　選取 "地點"，於上方工具列選按 B，套用粗體。

step 02　在 "地點" 選取狀態下，於上方工具列選按 U 套用底線。

step 03　依相同方法，將 "時間" 及 "航空公司" 皆套用粗體與底線。

✦ 顏色與底色

step 01 選取 "旅行資料"，於上方工具列選按 A，清單中 **背景顏色** 下方選擇合適底色套用。

step 02 選取 "地點"，於上方工具列選按 A，清單中 **文字顏色** 下方選擇合適文字顏色套用。

step 03 依相同方法，為 "時間" 及 "航空公司" 套用合適文字顏色，為 "日本旅遊注意事項" 及 "相關交通圖" 套用合適底色。

```
旅行資料
1. 地點：日本關西大阪
2. 時間：2025/5/20-2025/5/27
3. 航空公司：JAL/日航
```

─ 小提示 ─

刪除文字底色或顏色

若要刪除文字底色，可選按 A > **預設背景**；選按 A > **預設文字**，可將文字顏色變更為預設的黑色。

5 新增表格

文字、數值資料藉由簡易表格整理，可以方便輕鬆分類、更清楚呈現，也能比對相互關係，以下說明相關操作。

✦ 插入表格

step 01 滑鼠指標移至 "日本旅遊注意事項" 左側選按 ⊞，清單中選按 **表格**。

step 02 滑鼠指標移到表格右下角呈 ↖，拖曳 ⊞ 至合適欄列數再放開滑鼠左鍵，此範例要建立 2 欄 4 列表格 (**2 × 4**)。

小提示

刪除欄或列

滑鼠指標移至欄上方或列左側選按 ⠿ > **刪除**，即可刪除欄或列。

✦ 輸入表格文字

step 01 選按要輸入文字的位置，在第 1 欄依序輸入「項目」、「交通」、「公共場合」、「飲食購物」，在第 2 欄第 1 列輸入「注意事項」。

小提示

新增欄或列

選按表格右側 ⊞ 可以增加一欄，選按下方 ⊞ 可以增加一列。

輸入多行文字

若要於同一格中輸入多行文字，可按 Shift + Enter 鍵換行。

✦ 移動欄列

移動欄、列方式相似，在此以移動列示範。滑鼠指標移至列左側邊線，按住 ⠿ 拖曳至要移動的位置出現藍色線條，再放開滑鼠左鍵即可，此範例是將 "公共場合" 移至 "飲食購物" 下方。

✦ 設定表格標題

滑鼠指標移至表格左側選按 ⊞ 選取表格，右上角選按 **選項**，清單中選按 **頁首列** 右側 ⚪ 呈 🔵，標題欄會顯示灰色；開啟 **頁首欄** 則是標題欄會顯示灰色 (於空白處按一下取消清單)。

✦ 標題套用粗體

選取 "項目"，於上方工具列選按 B，依相同方法把標題文字都套用粗體。

✦ 調整欄寬

滑鼠指標移至欄右側邊線呈 ↔||，拖曳至合適位置放開，即可調整欄位寬度。

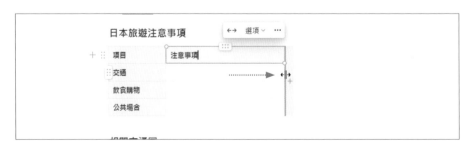

✦ 套用欄色彩

滑鼠指標移至欄上方選按  > **顏色**，再選按 **背景顏色** 下方合適底色套用。

套用與取消列色彩

滑鼠指標移至列左側按 ⠿ > **顏色**，選按
背景顏色 下方合適底色。色彩套用會以欄
為主，若欄沒有填色，列色彩才會顯示。
若要取消色彩，可選按 **顏色 > 預設背景**。

Tip 6 變更頁面字型與大小

Notion 頁面預設有三種字型可以選擇：**預設**、**襯線體** 與 **等寬體**，還可以縮小文字讓頁面顯示更多資料。

✦ 頁面字型

頁面右上角選按 ⋯，清單中有三種字型可以選擇，此範例選按 **預設**。

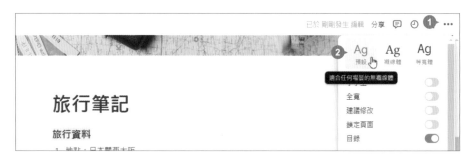

✦ 縮小頁面文字

頁面右上角選按 ⋯ > **小字型** 右側 ◯ 呈 ◉，即可縮小頁面文字。

建立文字連結

Do it !

為文字建立超連結，可以將一長串的網址，以更容易閱讀的方式顯示，並選按文字連結可直接以新頁面開啟。

step 01

選取要建立連結的文字，在上方工具列選按 🔗，再於下方欄位輸入網址 (也可以複製、貼上)，按 Enter 鍵建立文字連結。

step 02

設定連結的文字顏色會比較淡，可於上方工具列選按合適文字顏色並套用粗體。

step 03

滑鼠指標移至連結文字上方，直接選按會以新頁面開啟網頁；若要修改或刪除連結可於下方出現的連結資訊列，選按最右側 **編輯**。

step 04

依相同方法完成 "飯店2" 連結。

8 加入 Google Maps 地圖

旅遊筆記頁面加入 Google Maps，不但方便隨時查看，還可以直接
開啟 Google Maps 網頁查詢或規劃路徑。

step 01 於 Google Maps 網頁搜尋要加入頁面的位置，再複製網址列的網址。

step 02 回到 Notion 頁面，滑鼠指標移至 "飯店1" 左側選按 ⊞，清單中選按
Google 地圖 (此選項於清單後段，**嵌入區塊** 分類項下)。

step 03 於欄位按 Ctrl + V 貼上，再選按 **嵌入地圖**，即可插入地圖。

step 04 滑鼠指標移至地圖呈 ✋ 可拖曳顯示位置，拖曳四周控點可調整大小，地圖右下角 ➕ 和 ➖ 可縮放顯示比例。地圖右上角 💬 可新增註解、🖵 可新增圖片說明、↗ 可開啟 Google Maps 網頁。

step 05 依相同方法，於 "飯店2" 下方插入飯店的 Google Maps 地圖。

9 Notion AI 快速生成旅遊資訊與表格 Do it !

Notion AI 的查詢資料功能可自動搜尋和整理資料，幫助用戶快速獲取所需的資訊，也可以快速統整資料為表格。

✦ 於表格中使用 Notion AI 詢問

利用剛才已經做好標題的表格，直接讓 Notion AI 依欄列標題生成內容，並加上編號。

step 01　滑鼠指標移至表格，左側選按 ⠿ > **AI 輔助**。

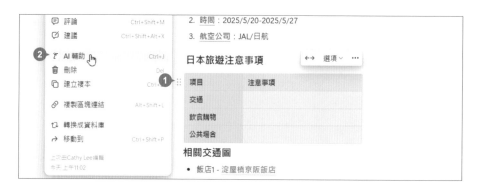

step 02　於下方對話框輸入提示文字：「請依第 1 欄的項目，將於日本旅遊注意事項填入相對應的第 2 欄，並請依內容自動編號」，再選按 ⬆。

step 03 等待一下後就生成結果並自動填入表格，選按 **同意** 即完成生成。若不滿意結果，可選按 **放棄** 重新詢問，或選按 **再試一次** 以相同的提示詞再重新生成。

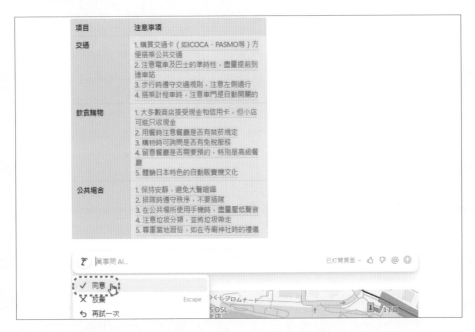

step 04 生成的內容若未自動換行可按 [Shift] + [Enter] 鍵換行，參考下圖輸入標點符號及調整欄寬。

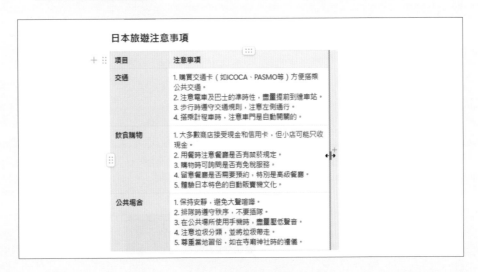

✦ 以目前頁面資料詢問 Notion AI

利用已經輸入的旅遊資料 (班機與飯店)，再加上特定條件 (必須有一天到日本環球影城)，直接讓 Notion AI 安排建議行程。

step 01　於頁面最下方按一下滑鼠左鍵產生新區塊，按一下 `Space` 啟用 Notion AI，接著輸入提示文字：「請依以上的日期與飯店地點，安排行程，必須有一天到日本環球影城」，再選按 ⬆。

step 02　等待一下後就會開始生成建議行程，選按 **同意** 即完成生成。若不滿意結果，可選按 **放棄** 重新詢問，或選按 **再試一次** 以相同的提示詞再重新生成。

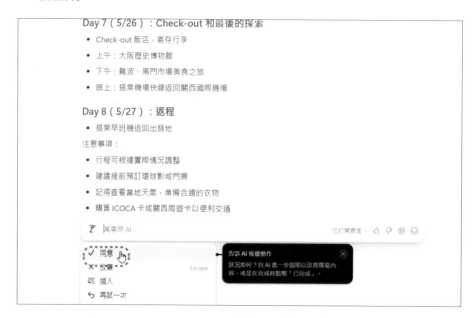

✦ 詢問 Notion AI 旅遊資訊

直接詢問旅遊資訊 (當地美食)，也可以做為整理行程的參考。

step 01 於頁面最下方按一下滑鼠左鍵產生新區塊，按一下 **Space** 啟用 Notion AI，接著輸入提示文字：「請列出大阪必吃的 8 種食物」，再選按 ⬆。

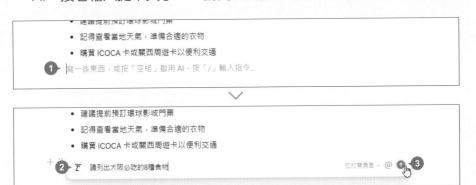

step 02 等待一下後就會開始生成建議行程，選按 **同意** 即完成查詢。若不滿意結果，可選按 **放棄** 重新詢問，或選按 **再試一次** 以相同的提示詞再重新生成。

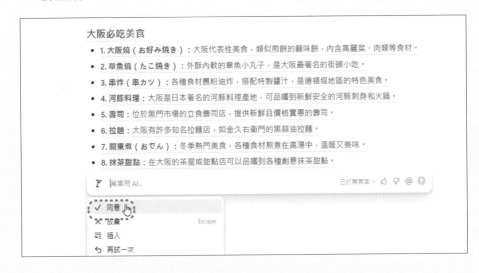

✦ Notion AI 整合資料製作表格

結合建議行程與美食，以 Notion AI 整理成表格更容易閱讀。

step 01 於頁面最下方按一下滑鼠左鍵產生新區塊，按一下 `Space` 啟用 Notion AI。

step 02 於 Notion AI 欄位下方清單選按 **製作表格**，於欄位中輸入提示文字：「請合併行程安排與必吃食物清單」，再選按 ⬆。

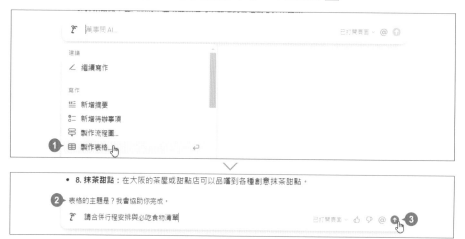

step 03 等待一下後就會開始生成表格，選按 **同意** 即完成生成。若不滿意結果，可選按 **放棄** 重新詢問，或選按 **再試一次** 以相同的提示詞再重新生成。(表格生成完成後，可將上方的文字刪除。)

Day 4 (5/23)	京都一日遊：金閣寺、清水寺、祇園區	京都特色抹茶甜點
Day 5 (5/24)	奈良一日遊：東大寺、春日大社、奈良公園	奈良特色鹿餅
Day 6 (5/25)	大阪水族館海遊館、天保山摩天輪、心齋橋購物	新鮮壽司 (可在心齋橋附近尋找)
Day 7 (5/26)	大阪歷史博物館、難波、黑門市場	黑門市場：河豚料理、關東煮 (おでん) 、立食壽司
Day 8 (5/27)	返程	機場拉麵 (如有時間)

✦ 其他 Notion AI 功能

在 Notion AI 中還有其他功能可以產生或整理資料。於空白區塊按一下 Space 啟用 Notion AI，除了之前使用的直接輸入提問詞與製作表格，於 **萬事問 AI** 欄位下方清單中，還可選擇以下幾種功能，選按後再輸入問題，可以有更明確的提問方向與範圍：

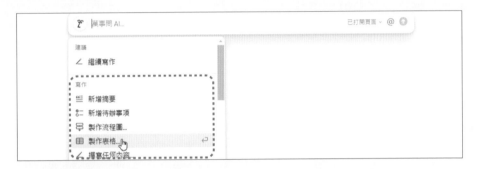

寫作：**新增摘要** 可以產生本頁面或指定範圍的摘要、**新增待辦事項** 可以依照指定的主題或活動產生應該進行的待辦事項清單、**製作流程圖** 可以依照描述的問題或主題產生製作相關的流程圖。

思考、詢問、對話：**取得程式碼相關協助** 功能是程式開發者的得力助手，可使用的範圍包括：程式碼解釋、Bug 檢測與修復建議、程式碼生成、最佳實踐建議、程式碼優化...等。

查找與搜尋：**提問、詢問關於此頁面的問題** 可直接提出問題，也可以指定頁面或範圍提出問題或行動。

草稿：可以為文章、報告或電子郵件...等內容，生成結構清晰的大綱，可使用的範圍包括：**撰寫大綱草稿、寫電子郵件草稿、寫會議議程草稿、就任何內容撰寫草稿。**

10 設定我的最愛與查看頁面編輯紀錄

將常用頁面新增到 **最愛** 清單中,方便快速查找;另外若誤更動到重要資料可開啟頁面編輯紀錄查看。

✦ 增加或刪除頁面最愛清單

頁面右上角選按 ☆ 呈 ★,此頁面會顯示在側邊欄 **最愛** 下方,再選按 ★ 即可取消。

✦ 頁面編輯紀錄

頁面右上角選按 🕓 即可開啟編輯紀錄查看,若為 Notion 付費帳號,可以選按紀錄項目,回復至之前的版本。

Tip 11 分享頁面與權限設定

Do it！

頁面分享的方式有二種，一是讓有連結的人都可以開啟，另外也可以只分享給指定帳號，再分別設定開啟的權限。

✦ 分享頁面連結

頁面右上角選按 **分享 > 發布**，再選按 **發布**。於下方設定搜尋、期限與複製的權限，再選按網址右側 🔗 複製，即可分享此頁面。(如果想取消分享連結，可選按 **取消發布**。)

小提示

自訂 URL 網址

如果為付費版用戶，可於 **發布** 標籤輸入自訂網址。

✦ 分享頁面給指定帳號

頁面如果要分享給特定帳號，可以指定帳號與權限。

step 01　頁面右上角選按 **分享 > 分享**，再選按下方欄位。

step 02　輸入帳號 email 或名稱，於下方選按該帳號，再設定權限 (權限功能說明如下表)，最後選按 **邀請**，即可讓該帳號進入此頁面。

功能名稱	開啟權限
全部權限	可以編輯與分享給其他帳號
可以編輯 (付費功能)	可以編輯，但不能分享
可以評論	可以新增留言與建議
可以查看	只能查看，不能編輯、分享或留言

step 03　完成設定後，於頁面右上角選按 **分享** 就可以在下方看到分享的帳號，也可以在帳號右側修改權限 (選按 **移除** 即可刪除分享)。

PART

03

閱讀書單

區塊設定與自訂範本

單元重點

匯入 Word 文件佈置初始資料，藉由文字轉換、分隔線、標註、圖片及多欄式排版美化頁面，再以自訂樣版加速其他書單頁面建立。

☑ 輕鬆匯入 Word 文件
☑ 轉換為標題
☑ 轉換為待辦清單
☑ 轉換為折疊標題
☑ 轉換為引言
☑ 有條理的整理頁面資料
☑ 圖片插入與調整
☑ 多欄式排版
☑ 折疊列表內容
☑ 新增目錄
☑ 調整頁面寬度
☑ 以按鈕開啟範本
☑ 建立閱讀書庫

Notion 學習地圖 \ 各章學習資源

作品：Part 03 閱讀書單 - 區塊設定與自訂範本 \ 單元學習檔案

輕鬆匯入 Word 文件

Tip

Do it !

快速將 Word 文件轉換成 Notion 頁面,省去重新輸入,頁面名稱不僅自動以檔案名稱顯示,內容還會依 Word 段落呈現。

step 01　側邊欄 **私人** 右側選按 + 新增頁面,接著選按 ⋯ > **匯入**。

step 02　視窗中選按 **Word** 開啟對話方塊,選取欲匯入的 Word 檔案,選按 **開啟** 即匯入內容。

小提示

於頁面輔助功能清單匯入檔案

如果頁面下方沒有出現選項,可於畫面右上角選按 ⋯ > **匯入**,也可以開啟視窗。

step 03 可自行佈置頁面上方的封面圖片與圖示 (可參考 P2-4~P2-5 操作)。

step 04 最後於頁面名稱上按一下滑鼠左鍵,再輸入書名即完成。

閱讀書單❶
閱讀目標
完成閱讀
心得整理
與家人或朋友分享

閱讀書單-Chat GPT+AI 高效工作術❷
閱讀目標
完成閱讀
心得整理
與家人或朋友分享

--- 小提示 ---

匯入 PDF 檔案

目前 Notion 也開始支援 PDF 檔案的匯入,但可能會出現部分圖文位置跑掉或是換行錯誤的問題,匯入完成後需要再手動調整。

書名:最強職場助攻!ChatGPT + AI 高效工作術 編者:文淵閣工作室
出版社:碁峰
學習資源
●全書範例素材檔 / ChatGPT 指令速查表
●打造「產品設計」、「社群小編」、「客戶服務」3 大AI 助理GPT 影音教學 ●FlexClip 高級套餐14

Tip 2 快速轉換樣式

Do it !

匯入的 Word 文件，如果想將文字套用標題、待辦清單、引言...等樣式時，可利用 **Turn into** 功能快速轉換。

✦ 轉換為標題

step 01
滑鼠指標移至 "閱讀目標" 左側選按 ⠿ > **轉換成** > **標題 3**，轉換成標題 3。

step 02
這樣即完成樣式轉換，接著依相同方法，將 "書籍資料"、"學習資源"、"內容簡介"、"章節內容" 與 "心得整理" 轉換為 **標題 3**。

✦ 轉換為待辦清單

利用 **待辦清單** 將需要處理的事情條列清單，並藉由核選方塊確認完成的狀況，能有效提升工作效率。

選取 "完成閱讀"、"心得整理"、"與家人或朋友分享"，滑鼠指標移至任一區塊左側選按 ⠿ > **轉換成** > **待辦清單**，轉換成待辦清單。

閱讀目標

☐ 完成閱讀

☐ 心得整理

☐ 與家人或朋友分享

✦ 利用折疊標題收納內容

頁面內容過長且複雜，會導致訊息量過多而展示不易，可以透過折疊收納內容，僅顯示標題文字就好。

step 01　滑鼠指標移至 "書籍資料" 左側選按 ⠿ > **轉換成** > **摺疊標題 3**，轉換成摺疊標題 3。

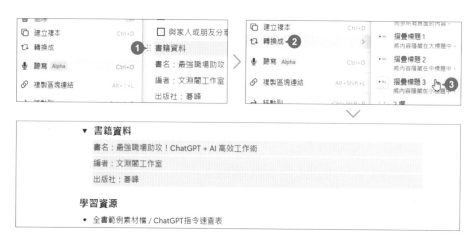

step 02　之後選按 ▼ 與 ▶ 即可摺疊或展開下方內容。

step 03 依相同方法，將 "學習資源"、"內容簡介"、"章節內容" 與 "心得整理" 轉換為 **摺疊標題 3**。

▼ **學習資源**
- 全書範例素材檔 / ChatGPT指令速查表
- 打造「產品設計」、「社群小編」、「客戶服務」3大AI助理GPT影音教學
- FlexClip高級套餐14天免費使用+7折專屬折扣

▼ **內容簡介**
會用AI就是快！7大主題，35+實例

立即活用的職場AI實戰技

取代人的不是AI，是會使用AI的人。AI工具不斷推陳出新，該如何學習才不會雜亂無章？關鍵在於挑選並整合最合適的應用，以達到最佳實務效果。競爭激烈的職場環境中，效率和精準度是制勝的關鍵。

本書整合工作排程、商務郵件、會議語音總結、客服回覆、翻譯與文法糾正、社群行銷、廣告文案、影片腳本設計、活動邀請函、SEO策略、市場分析、設計數位媒體廣告梗圖、品牌形象Logo、平面文宣、商品提案與開發示意圖、宣傳影片與簡報製作...等多項工作任務，透過ChatGPT等各類AI工具，全面解鎖工作的無限潛力，開啟AI時代工作新模式！

▼ **章節內容**
Part 01 AI工作術：提升效率與創意策略

Part 02 ChatGPT 優化行銷文案與企劃撰寫

Part 03 AI 圖像提升視覺行銷效果

Part 04 打造 AI 宣傳影片強化推廣效果

Part 05 高效能 AI 全方位簡報設計

Part 06 強大的文件整理與優化

Part 07 AI 助理幫忙打理行政大小事

Part 08 職場達人必備的 AI 助理 GPT 應用

▼ **心得整理**
在這本書的閱讀過程中，讓我深刻體會到 AI 在現代職場中的重要性與廣泛應用。書中提供了如何利用 AI 工具提升工作效率的策略，特別是在創意構思和時間管理方面，幫助我更加快速地完成日常工作。隨著內容深入，我了解到 ChatGPT 在撰寫行銷文案和企劃書時的應用，解決了我

小提示

關於項目符號

Word 文件中，文字若已套用項目符號，匯入到 Notion 頁面時會以 **項目符號** 中的 **預設** 樣式顯示 (如範例中 "學習資源" 下方內容)，滑鼠指標移至該區塊左側選按 ⠿ > **清單格式**，清單中另外提供三種樣式 **碟形**、**圓形**、**正方形** 可更換。

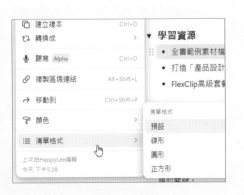

✦ 轉換為引言

引言 較常出現在文章開端，可能是引用他人所言，或其他文章摘錄。

step 01 依下圖選取 "內容簡介" 下方文字，滑鼠指標移至任一區塊左側選按 ⠿
> **轉換成** > **引用**，轉換成引言。

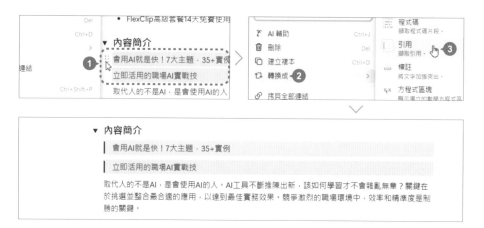

step 02 選取文字狀態下，於上方工具列選按 B，套用粗體效果；接著選按 A，清單中選按合適顏色。

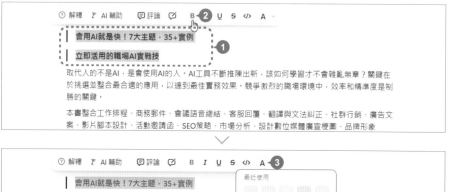

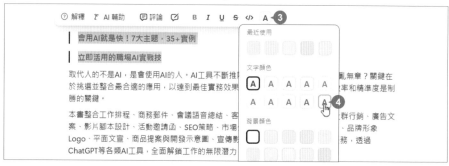

有條理的整理頁面資料

(Do it！)

分隔線 常用於區隔不同區塊，讓頁面內容整潔有條理；**標註** 則是藉由圖示與底色方框來標示重點。

✦ 新增分隔線

滑鼠指標移至 "與家人..." 左側選按 ⊞ > **分隔線**，在下方插入分隔線。

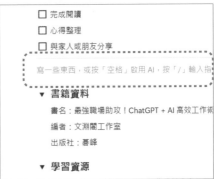

✦ 新增標註內容

滑鼠指標移至分隔線下方新增的空白區塊左側，選按 ⊞ > **標註**，插入標註。

step 02 選按標註圖示顯示 **表情符號** 清單,選按合適圖示,然後輸入文字。

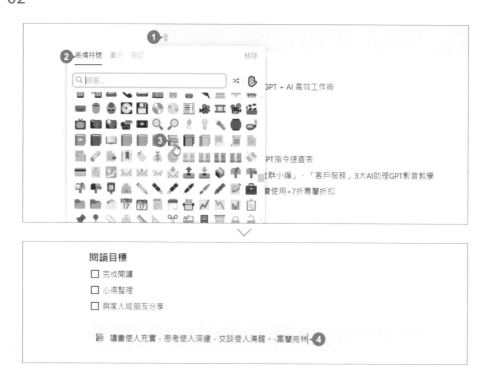

step 03 設定區塊底色,滑鼠指標移至標註左側選按 ⠿ > **顏色** > **紅色背景**,套用背景顏色。

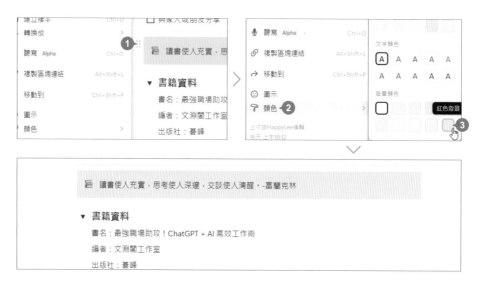

圖片的插入與調整

Notion 可以輕鬆插入本機圖片、網路以及 **Unsplash** 高品質圖庫圖片，並調整大小、安排位置、裁切...等基礎編輯。

(Do it !

✦ 插入圖片並調整大小

頁面中要插入的圖片格式可以為 JPG、PNG、GIF...等，檔案大小則限制在 5 MB 以下。

step 01 滑鼠指標移至 "出版社..." 左側選按 ⊞ > **圖片**，接著於 **上傳** 選按 **上傳檔案** 開啟對話方塊，選取要插入的圖片，選按 **開啟**。

step 02
滑鼠指標移至圖片右側邊框呈
‖ 狀，左右拖曳等比例來調整
圖片大小。

✦ 裁切圖片

step 01
滑鼠指標移至圖片上，工具列
選按 ⊡ 開啟編輯視窗。

step 02
滑鼠指標移至角落控呈 ↔ 狀，拖曳控點至合適的位置放開，確認
調整完成後，選按 **儲存**。(可於左上角選按 ⊡，清單中可指定圓
形、正方形或是其他比例的裁切尺寸。)

step 03
裁切完成後，圖片會自動縮小尺寸，可依上一頁的方式調整至合適的大小即可。

✦ 新增圖片連結

step 01
滑鼠指標移至圖片上，工具列選按 ⋯ > **新增連結** 開啟對話方塊。

step 02
對話方塊中可直接選按工作區最近使用的頁面，或是貼入外部網頁，在此示範貼入外部網址，按 Enter 鍵即完成。

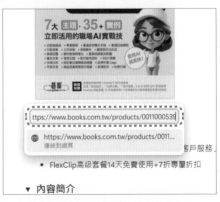

Tip 5 多欄式排版

Notion 頁面是由區塊組合而成,可以拖曳區塊自由調整頁面編排,形成二欄甚至是多欄的呈現方式。

step 01　將 "閱讀目標" 下方三個待辦事項,調整成三欄。滑鼠指標移至 "心得整理" 左側,按住 ⠿ 不放拖曳至 "完成閱讀" 最右側出現藍色線條,再放開滑鼠左鍵。

> **閱讀目標**
> ☐ 完成閱讀
> ❶ ⠿ ☐ 心得整理
> 拖動以移動
> 按一下打開選單　家人或朋友分享

❷ 🖑 ☐ 心得整理

閱讀目標

☐ 完成閱讀　　　　　　　　☐ 心得整理

☐ 與家人或朋友分享

step 02　依相同方法,將 "與家人..." 區塊拖曳至 "心得整理" 最右側,形成三欄呈現方式。

閱讀目標

☐ 完成閱讀　　　☐ 心得整理　　　☐ 與家人或朋友分享

讀書使人充實,思考使人深邃,交談使人清醒。富蘭克林

──小提示──

快速的轉換為多欄式區塊

選取區塊狀態下 (最多五個),滑鼠指標移至任一區塊左側選按 ⠿ > **轉換成** > **X 欄**,即會依選取區塊數量轉換成二至五欄式排版。

折疊列表內容以多欄式排版

Do it !

折疊列表內容如果有圖片或其他物件，無法透過拖曳或轉換成 **多欄式區塊** 方式形成多欄排版時，可參考下方操作。

✦ 轉換成頁面與多欄

step 01　滑鼠指標移至 "書籍資料" 左側選按 ⠿ > **轉換成** > **頁面**，轉換成頁面，接著選按文字連結進入該頁面。

step 02
將 "書籍資料" 頁面調整成二欄：滑鼠指標移至書籍封面圖左側，按住
⊞ 不放拖曳至 "書名：..." 最右側出現藍色線條，放開滑鼠左鍵，完成
二欄排列。

step 03
選取 "編者：..." 與 "出版社：..." 二段文字，滑鼠指標移至任一區塊左
側，按住 ⊞ 不放拖曳至 "書名：..." 下方出現藍色線條，再放開滑鼠左
鍵，完成區塊移動。

step 04
若左側欄位文字過長，可將滑鼠指標移至欄位中間呈 ◂▮▸ 狀，往右拖曳
調整欄位大小。

✦ 頁面轉換回折疊標題

選按頁面左上角連結返回 **閱讀書單**，滑鼠指標移至 "書籍資料" 左側選按 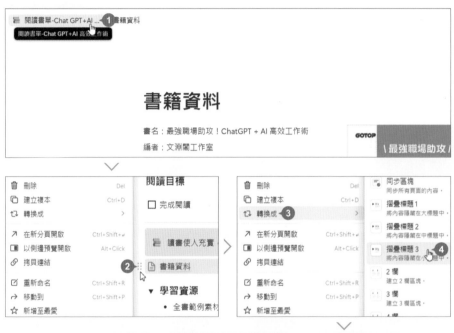 >
轉換成 > **摺疊標題 3**，轉換回摺疊標題 3，完成折疊列表內容以多欄式排版的
設計。

Tip 7 新增目錄

當頁面藉由標題樣式呈現架構與層級時,可以建立目錄,方便瀏覽者掌握頁面重點並快速切換。

step 01 將輸入線移至頁面名稱最後按一下 Enter 鍵,產生一空白區塊,輸入「/目錄」(或「/contents」),選按 **目錄**,就能依層級列出此頁面中所有套用標題樣式的標題文字,選按目錄文字可立即跳至該標題於頁面所在位置。

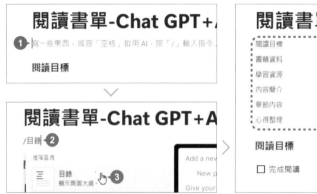

step 02 如果想修改連結顏色,滑鼠指標移至目錄區塊左側選按 ⠿ > **顏色**,清單中套用合適的文字顏色或底色。

小提示

使用懸浮目錄功能

懸浮目錄 為預設開啟的項目，會顯示在頁面右側封面下方的位置，將滑鼠指標移至如圖位置處，即會顯示該頁面已設定為主標題樣式的目錄文字，選按即可跳轉至該標題。

若要關閉此功能，可於頁面右上角選按 ⋯ > **目錄** 右側 🔵 呈 ⚪，即可關閉懸浮目錄功能。

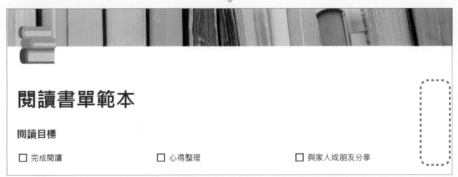

8 調整頁面寬度

如果頁面以多欄式排版時,可以加寬編輯範圍,讓內容看起來不會過於擁擠。

頁面右上角選按 ⋯ > **全寬** 右側 ⬭ 呈 ⬮ (於空白處按一下取消清單)。

頁面寬度即由預設的窄版,調整為寬版。

Tip 9 以 "按鈕" 開啟範本簡化重複性操作 （Do it！）

常會重複使用的主題架構或單元頁面，可以藉由 **按鈕** 自動建立，快速產生已安排好預設格式的內容頁面。

✦ 準備要作為範本的頁面

可重新開啟一頁設計或複製前面製作好的頁面成為範本頁面，再於設定按鈕時使用，在此示範第二種做法。

step 01 滑鼠指標移至側邊欄頁面名稱右側，選按 ⋯ > **建立複本** 複製頁面。

step 02 滑鼠指標移至複製的頁面名稱右側，選按 ⋯ > **重新命名**，重新輸入一個易於辨識的名稱，按 Enter 鍵。

✦ 建立按鈕

step 01 側邊欄選按 ⊞ 新增頁面，接著選按頁面名稱，輸入新的頁面名稱後按 Enter 鍵。

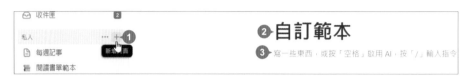

step 02 滑鼠指標移至空白區塊左側選按 ⊞ > **按鈕**，於設定畫面輸入按鈕名稱。

step 03 選按 ⊞ **新動作 > 插入區塊**，接著於側邊欄拖曳 **閱讀書單範本** 至下方區塊 (藍色粗線顯示在上方) 後，按 **完成** 完成自動開啟範本頁面的按鈕。

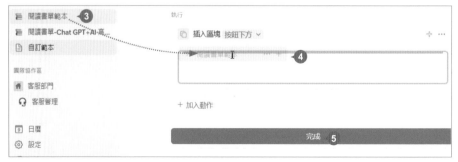

✦ 用按鈕產生範本頁面

按下按鈕 (此範例為 **閱讀書單範本**)，在該按鈕所在頁面下方會產生指定的範本頁面，可以依範本架構編修內容，加快頁面資料建置速度。

✦ 用範本頁面建立新內容

想要調整範本內容時，回到按鈕所在頁面，於按鈕 (此範例為 **閱讀書單範本**) 右側選按 ⚙ 展開設定，選按範本即可開啟該頁面編輯 (編輯後會自動儲存)。

10 建立閱讀書庫

建立一個閱讀書庫,除了可在該頁面新增新的閱讀項目外,也可以匯整已建立好的閱讀內容。

step 01 側邊欄選按 ⊞ 新增頁面,接著選按頁面名稱,輸入新的頁面名稱後按 `Enter` 鍵。

step 02 可自行佈置頁面上方的封面圖片與圖示 (可參考 P2-4~P2-5 操作)。

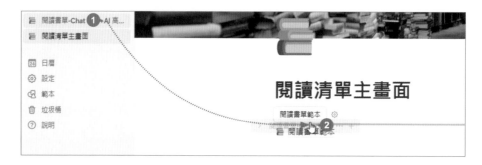

step 03 側邊欄拖曳已建立完成的閱讀清單至如圖位置,之後即可在此頁面建立、整理所有的閱讀清單內容。

PART

04

預算管理
資料庫與圖表應用

單元重點

Notion 資料庫提供靈活的資料整合、數值與公式計算、篩選排序...等功能,並支援多種瀏覽模式以及圖表視覺呈現,讓資訊一目了然。

☑ 新增資料庫
☑ 打造資料屬性
☑ 套用屬性類型
☑ 為資料庫增填資料
☑ 設定日期資料格式
☑ 設定數值資料格式
☑ 計算數值
☑ 公式應用
☑ 資料庫多種瀏覽模式
☑ 表格瀏覽模式與分組
☑ 看板瀏覽模式與分組
☑ 圖表瀏覽模式的應用
☑ 篩選與排序分組管理

Notion 學習地圖 \ 各章學習資源

作品:Part 04 預算管理 - 資料庫與圖表應用 \ 單元學習檔案

建立資料庫

Do it !

第一步:「建立資料庫」,搭建一個完整的預算管理資料庫,輕鬆查看並快速掌握資料數據。

建立資料庫有三種方式:

✦ 直接建立資料庫

- 用意:最基本的建立方式。
- 操作:側邊欄 **私人** 右側選按 ⊞ 新增頁面,開始使用中選按 **表格** (此處是指資料庫中的 **表格** 檢視模式,而非前面章節練習的簡單表格),接著選擇 **空白資料庫**,即可產生一個空白資料庫。

> # 定期費用預算管理
>
> ⊞ 表格 +
>
> | Aa 名稱 | ☰ 標籤 | + ··· |
> |---|---|---|

✦ 在目前頁面中以子頁面新增資料庫 (資料庫 - 整頁)

- 用意:在主頁面中以子頁面的方式加入一個空白資料庫,可讓資料庫獨立運作,並保留與主頁面的連結;但子頁面內只能有這個資料庫,無法在其上方或下方增加文字、圖片或其他資料庫...等看板。
- 操作:側邊欄 **私人** 右側選按 ⊞ 新增頁面,頁面名稱下方按一下滑鼠左鍵,輸入「/資料庫」,選按 **資料庫 - 整頁**。

> # 定期費用預算管理
>
> 🗎 預算資料庫

✦ 在目前頁面中新增資料庫 (資料庫 - 內嵌)

- 用意：將資料庫嵌入到現有的頁面中，可於資料庫上方或下方增加文字、圖片、資料庫...等。這是最常被採用的方法，特別適合需要在同一頁面上同時查看資料庫和其他多種訊息的使用者。

- 操作：此範例以 "在目前頁面中新增資料庫" 的方式示範：

step 01 側邊欄 **私人** 右側選按 ⊞ 新增頁面。

step 02 選按 **新頁面** 輸入頁面名稱「定期費用預算管理」，接著將滑鼠指標移至頁面名稱上方，選按 **加入圖示**，為頁面加入合適圖示與封面。

step 03 頁面名稱下方按一下滑鼠左鍵，輸入「/資料庫」(或「/database」)，選按 **資料庫 - 內嵌**，即可於頁面該行新增一個行內資料庫。

定期費用預算管理

田 表格

無標題

Aa 名稱

十 新頁面

step 04　新增的資料庫預設會以 **表格** 瀏覽模式呈現，範例後續會添加多種瀏覽模式，先為此瀏覽模式標籤命名。選按目前表格瀏覽模式標籤 **>** **重新命名**，右側 **檢視選項** 窗格輸入名稱：「明細記錄」。

定期費用預算管理

田 表格 ❶

≡ ↑↓ ⚡ Q ↗ ⋯ 新建 ∨

☑ 重新命名 ❷

⇄ 編輯瀏覽模式

🔗 拷貝檢視連結

↗ 以完整頁面開啟

⎘ 複製

十 ⋯

∨

定期費用預算管理

田 明細記錄 十

≡ ↑↓ ⚡ Q ↗

無標題 ⋯

Aa 名稱　　　　　　　十 ⋯

十 新頁面

檢視選項

田 ❸ 明細記錄

田 版面配置

≔ 屬性

≡ 篩選

↑↓ 排序

▦ 分組

⚡ 自動化

↓ 載入限制

step 05 瀏覽模式標籤下方是資料庫名稱，選按 "無標題"，輸入資料庫名稱：「預算資料庫」。

step 06 為了方便後續設定，將頁面調整為寬版檢視：頁面右上角選按 … > **全寬** 右側 ◯ 呈 ◯ (可於空白處按一下取消清單)。

> **小提示**
>
> **"內嵌" 式資料庫與頁面的佈置**
>
> 範例中使用了內嵌式資料庫 (又稱行內資料庫)，完成建立後頁面中會有頁面標題、資料庫標題、檢視模式標籤...等項目，側邊欄的結構則會以 "頁面"、"資料庫"、"檢視模式" 依序組成：
>
>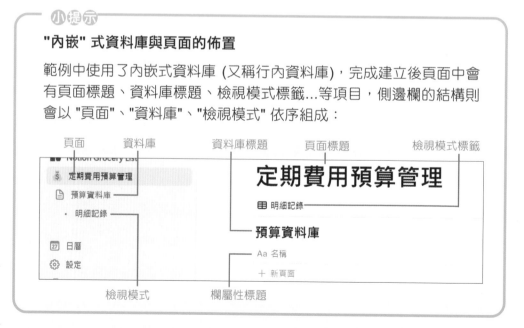

Tip 2 打造資料屬性與類型 　Do it !

新增資料庫後，首先需設定資料屬性與類型。依據資料庫用途規劃結構，以便於後續的資料建立和管理。

✦ 增加欄屬性與列

新資料庫預設建置了一欄屬性與三列空白列，選按右側 ⊞ 可於最右側新增一欄屬性，待上方三列空白列填入資料後選按下方 ⊞ 可於最下方新增一列。

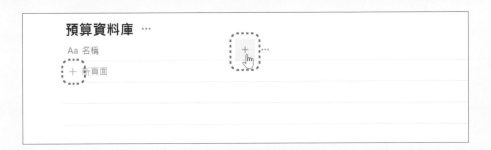

✦ 調整屬性名稱、類型

預設的 "名稱" 類型為 Aa (**標題** 屬性類型，即每筆資料的識別欄位)，是資料庫中唯一無法改變類型的欄屬性，後續填入的資料則會依標題成為一個頁面，可以開啟編輯與填加資料。

step 01 於預設 "名稱" 屬性名稱上按一下滑鼠左鍵，名稱欄位輸入「項目」。

step 02　於資料庫最右側欄位選按 ⊞ 新增屬性，指定 **類型** 為 **多選**，輸入屬性名稱「類別」。

小提示

關於資料庫屬性的 "類型"

資料庫建立資料前，必須依每個屬性項目預計輸入的資料，選擇適當類型，才能正確建立資料與管理。

屬性 **類型** 可以定義與分類資料內容，例如 "金額"，其 **類型** 應該為 **數字**，若設定為 **文字** 則無法進行後續數值格式設定與公式運算。右表為常用的資料庫屬性類型：

類型	說明
☰ 文字	文字與數值，數值不可用於計算。
# 數字	數值，可套用格式與用於計算
⊙ 單選	提供下拉選單，可從中選擇一個選項。
☰ 多選	提供下拉選單，可從中選擇多個選項。
✳ 狀態	任務分類；預設有三個選項：**未開始**、**進行中** 和 **完成**。
▦ 日期	日期資料；選擇日期可套格式與設置提醒。
⚏ 人員	指定人員欄位，用於指派任務或標記責任人。
𝕆 檔案和媒體	上傳檔案或圖片，適合儲存附件或參考資料。
☑ 核取方塊	勾選框，常用來標記是否完成或是/否項目。
𝒪 網址	用於放置超連結。
@ 電子郵件	用於輸入電郵地址。
☎ 電話	儲存聯絡資訊。
Σ 公式	用公式進行數據計算，支援函數和邏輯運算。

step 03　依下表，於資料庫最右側欄位選按 ⊞ 新增屬性，依序指定類型與輸入屬性名稱，完成 "週期"、"開始支付日"...等十個欄屬性。(若 ⊞ 被 **編輯屬性** 窗格擋到，可先關閉 **編輯屬性** 窗格。)

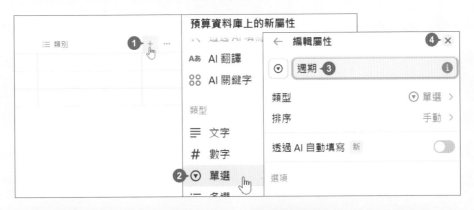

屬性名稱	類型
週期	⊙ 單選
開始支付日	🗓 日期
下次支付日	Σ 公式
支出金額	# 數字
每月金額	Σ 公式

屬性名稱	類型
支付金額評估	Σ 公式
已繳總費用	Σ 公式
相關頁面	🔗 網址
備註	☰ 文字
品牌 LOGO	📎 檔案和媒體

✦ 調整屬性欄寬

滑鼠指標移至屬性與屬性之間呈 ┽┃┾ (出現藍色線條)，往左或往右拖曳至合適位置放開即可調整其欄寬。

✦ 調整順序與隱藏、刪除欄屬性

若要依用途調整資料庫屬性順序或隱藏、刪除；資料庫右上角選按 ⋯ > **屬性**，可以看到目前資料庫所有屬性項目。

屬性名稱右側選按 ⊙ 可切換 **隱藏、顯示** 模式，按住屬性名稱左側 ⠿，往上或往下拖曳可調整先後順序。

若要刪除某一屬性，於 **屬性** 清單選按要刪除的屬性 > **刪除屬性**，確認對話方塊中選按 **刪除** 即可刪除該屬性 (在此選按 **取消** 取消刪除)。

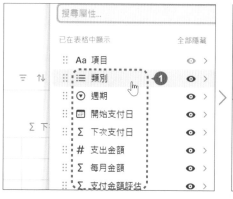 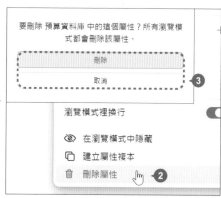

✦ 凍結欄位

可在資料庫中固定特定欄位，使其在橫向捲動時保持可見。這對於多欄位資料庫特別實用，當你需要隨時查看主要欄位 (如：項目、類別、週期) 相對的日期與金額時，凍結欄位能提升數據瀏覽的便利性。

step 01 於 "週期" 屬性名稱上按一下滑鼠左鍵 > **凍結此欄** 。

step 02 即會將指定的欄凍結為固定欄位，這樣在資料庫下拖曳水平捲軸時，該欄與其左側的欄將保持可見，讓你更方便對應其他資料與數據。

Tip 3 為資料庫新增資料

完成資料庫與屬性相關設定,可以著手輸入資料囉!透過新增內容,能將資訊有效彙整,並輕鬆分類管理。

✦ 填入文字與數值資料

"項目"、"支出金額" 與 "備註" 已分別定義為 **文字** 與 **數字** 屬性類型,可直接選按該筆記錄 "項目"、"支出金額"、"備註" 下方空格,輸入資料。

✦ 填入日期資料

"開始支付日期" 已定義為 **日期** 屬性類型,選按該筆記錄 "開始支付日期" 下方空格,會出現日曆清單,選按日期項目再於頁面空白處按一下即完成輸入。

✦ 建立與填入單選、多選題選項

"類別"、"週期" 已分別定義為 **單選** 與 **多選** 屬性類型,首次使用可以先建立清單選項,後續則只要於清單中選按。除了可提升資料正確性,建立的清單選項於篩選資料庫時會被視為篩選條件 (這是 **文字** 屬性類型沒有支援的)。

step 01 選按資料庫 "類別" 屬性名稱 > **編輯屬性**。

step 02 於 **選項** 選按 ⊞ **新增選項**,輸入選項名稱,按 Enter 鍵完成選項新增。

step 03　再次選按選項可以指定代表色彩或編輯選項名稱、刪除選項。

step 04　選按 **選項** 右側 $\boxplus$，輸入第二個選項的名稱，按 Enter 鍵；再依序建立第三個、第四個選項。

再次選按選項可以指定代表色彩。

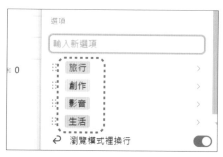

step 05　回到資料庫，選按該筆記錄 "類別" 下方空格，即可於清單中選按合適選項填入。

step 06 依相同方法，為 "週期" 建立清單選項："年繳"、"月繳" ，並完成此處資料填入。

✦ 填入網址

"相關頁面" 已分別定義為 **網址** 屬性類型，可直接選按該筆記錄 "相關頁面" 下方空格，輸入網址，後續選按網址即會於新頁面開啟。

✦ 填入檔案和媒體

"品牌LOGO" 已定義為 **檔案和媒體** 屬性類型，選按該筆記錄 "品牌LOGO" 下方空格 > **選擇檔案**，選按要填入的檔案 > **開啟**。

依前面說明的資料填入方式，完成此份預算管理資料庫的資料建置 (填寫內容可參考完成頁面或 <定期費用預算管理.pdf>)：

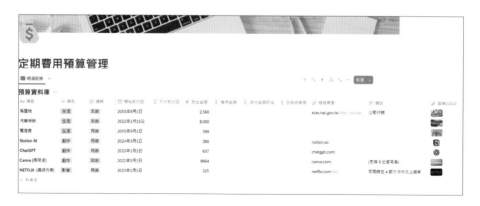

Tip 4 設定資料格式

Do it !

日期 (日期) 與 **數字** (數值) 屬性類型資料,可以透過格式設定來調整其顯示方式,使資料呈現更符合需求。

✦ 日期資料格式

日期 (日期) 屬性類型預設格式為:年月日,若習慣 **月/日/年** 或 **日/月/年**...等格式,可於日期格式設定。

step 01 "開始支付日" 上按一下滑鼠左鍵,選按 **編輯屬性**。

step 02 於 **編輯屬性** 窗格選按 **日期格式**,清單中選擇樣式套用,此範例選按 **月/日/年**,完成後於右上角選按 ⊠ 關閉窗格。

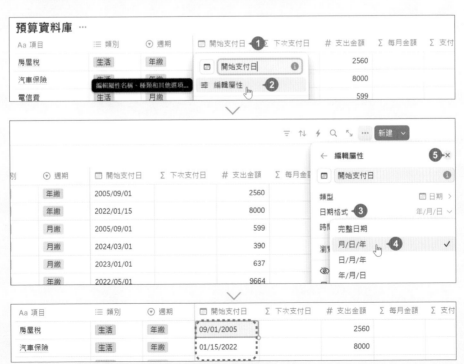

✦ 數值資料格式

數字 屬性類型預設格式為：**數字**，若習慣為數值加上千分位分隔符號、百分比或套用其他幣值...等格式，可於數字格式設定。

step 01 "支出金額" 上按一下滑鼠左鍵，選按 **編輯屬性**。

step 02 於 **編輯屬性** 窗格選按 **數字格式**，清單中選擇樣式套用，此範例選按 **帶千分位分隔符號的數字**，完成後於右上角選按 ✕ 關閉窗格。

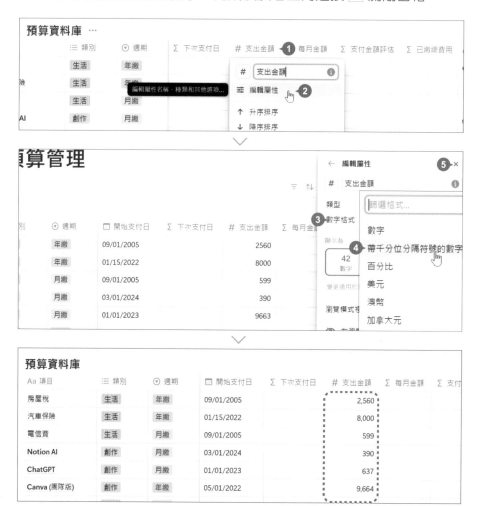

Tip 5 計算列與公式應用

資料庫中的計算列與公式可取得數據量或數值；計算列可計算欄位加總、平均...等統計，公式則適合動態運算。

✦ 計算非數值資料

資料庫最下方有一列計算列，可針對非數值資料與數值資料計算。除了 **數字** 屬性類型，其他包括：**文字、日期、單選、網址、核取方塊**...等屬性類型均為非數值資料；其中較特別的為 **公式** 屬性類型，是依公式求得的內容判別屬於數值或非數值資料。

step 01
選按 "項目" 下方計算列，可於清單中選擇合適的計算方式，此範例選按 **計數 > 非空值數量**，統計有資料的筆數。

step 02
"項目" 下方計算列，會顯示有資料值的筆數：7。

項目	類別	週期	開始支付日	下次支付日	支出金額	每月金額
NETFLIX (高級方案)	影音	月繳	01/01/2023		325	
+ 新頁面						
非空值 7						

step 03　選按 "開始支付日" 下方計算列，可於清單中選擇合適的計算方式，此範例選按 **日期 > 日期範圍**，統計最早日期至最晚日期的範圍。

step 04　"開始支付日" 下方計算列，會顯示日期範圍：**18.5 yeasrs**。

非數值資料計算	說明
無	不計算
全部數量	統計筆數，包含空白列。
值的數量	統計所有資料數，若是多選題則是依選項計算。
不重複值的數量	統計類型數量 (重複出現時只算一種)
空欄位的數量	統計空值資料筆數
非空值數量	統計非空值資料筆數
空值佔比	統計空值資料，筆數佔比。
非空值佔比	統計非空值資料，筆數佔比。

日期資料計算	說明
最早日期	最早日期
最新日期	最晚日期
日期範圍	日期範圍 (最晚日期 - 最早日期)

✦ 計算數值資料

數字 屬性類型以及 **公式** 屬性類型，可於計算列選擇計算方式：加總、平均、中位數、最大值、最小值、變異量數。

step
01
選按 "支出金額" 最下方計算列，可於清單中選擇合適的計算方式，此範例選按 **更多選項 > 總合**，加總數值。

step
02
"支出金額" 最下方計算列，會顯示加總值。

預算資料庫

	類別	週期	# 支出金額	∑ 每月金額	∑ 支付金額評估	∑ 已繳總費用	🔗 相關頁面
	生活	年繳	2,560				etax.nat.gov.tw/etw.
	生活	年繳	8,000				
	生活	月繳	599				
	創作	月繳	390				netflix.com/tw/
	創作	月繳	637				chatgpt.com/
隊版)	創作	年繳	9,664				canva.com/
(高級方案)	影音	月繳	325				notion.so/
非空值 7			總和 22,174				

Notion 的 **公式** 類似 Excel 公式，也是由多種函數組合而成，但語法有所不同。資料庫中只要屬性類型指定為 **公式**，即可建立公式。

在著手撰寫公式前，以 "預算管理" 資料庫使用到的函數來說明，包含條件判斷、日期計算及屬性引用...等，幫助你掌握公式應用的技巧。

prop 函數

- 用法：**prop("屬性名稱")**
- 功能：prop 用來引用資料庫中的欄位屬性值，屬性名稱需與資料庫中的欄位名稱完全一致。
- 範例：prop("週期")，會回傳該筆資料 "週期" 的值。

if 函數

- 用法：**if(條件, 條件為真時的結果, 條件為假時的結果)**
- 功能：if 是條件判斷函數。它會先檢查條件是否為真，如果為真，則執行第二個參數；若為假，則執行第三個參數。
- 範例：if(prop("週期") == "年繳","年繳計算結果","月繳計算結果")

dateAdd 函數

- 用法：**dateAdd(日期, 數值, "單位")**
- 功能：dateAdd 用於在指定日期上加上或減去時間。時間單位可以是年、月、週、日、時、分、秒...等。
- 範例：dateAdd(prop("開始支付日"), 1, "years")，會在 "開始支付日" 的基礎上增加一年。

ceil 函數

■ 用法：**ceil(數值)**

■ 功能：ceil 可傳回大於等於數字的最小整數。

■ 範例：ceil(2.3) 結果為 3，可用來確保日期或數值不小於指定時間間隔。

dateBetween 函數

■ 用法：**dateBetween(日期1, 日期2, "單位")**

■ 功能：dateBetween 用於計算兩個日期之間的時間差，並以指定的時間單位（如年、月、週、日）返回數值。

■ 範例：dateBetween(now(), prop("開始支付日"), "years") 表示從 "開始支付日" 到今天之間的年數。

now 函數

■ 用法：**now()**

■ 功能：now 返回當前的日期和時間。常用於計算當前日期與其他日期的差異，適合生成動態更新的結果。

■ 範例：now()

round 函數

■ 用法：**round(數值, 小數位數)**

■ 功能：round 用於將數值四捨五入到指定的小數位數，適合需要精確或簡化數值的情況。若不指定小數位數，則取到整數。

■ 範例：round(3.14159, 2) 結果為 3.14，將數值取至小數點後二位。

✦ 以公式計算 - 下次支付日

"預算管理" 資料庫中，"下次支付日" 是依 "週期" 區分年繳與月繳支付頻率，再依 "開始支付日" 計算下一次支付的日期。公式逐步解析如下：

檢查週期

■ 公式：

if(

prop("週期") == "年繳"

)

■ 用途：檢查 "週期" 是否為年繳；如果是年繳，則執行第一個日期計算；否則執行第二個計算。

年繳計算

■ 公式：**dateAdd(prop("開始支付日"), ceil(dateBetween(now(), prop("開始支付日"), "years")) + 1, "years")**

■ 解析：

- dateBetween(now(), prop("開始支付日"), "years")：計算「開始支付日」與當前日期之間的年數。

- ceil(...) + 1：傳回整數年數 (例：1.3，會傳回 2)，再加一年，以確保每次支付日往後推一年。

- dateAdd(...)：在 "開始支付日" 的基礎上加上這個計算結果，得到下一個年繳支付的日期。

■ 用途：在 "開始支付日" 的基礎上自動往後推一整年，即便實際年數尚未達到下一個整年。

月繳計算

■ 公式：**dateAdd(prop("開始支付日"), ceil(dateBetween(now(), prop("開始支付日"), "months")) + 1, "months")**

- 解析：

  - dateBetween(now(), prop("開始支付日"), "months")：計算 "開始支付日" 與當前日期之間的月數。

  - ceil(...) + 1：傳回整數月數 (例：11.3，會傳回 12)，再加一個月。

  - dateAdd(...)：基於 "開始支付日"，將計算結果加到日期上，得到下一次月繳的日期。

- 用途：在 "開始支付日" 的基礎上按月自動推算，適合需要定期每月支付的情境。

N 實用篇

04 資料庫與圖表應用

step 01　選按 "下次支付日" 下方空格，開啟公式編輯視窗。("下次支付日" 已於前面定義為 **公式** 類型)

預算資料庫 ⋯							
Aa 項目	☰ 類別	⊙ 週期	🗓 開始支付日	Σ 下次支付日	# 支出金額	Σ 每月金額	Σ 支付
房屋稅	生活	年繳	09/01/2005		2,560		
汽車保險	生活	年繳	01/15/2022		8,000		
電信費	生活	月繳	09/01/2005		599		
Notion AI	創作	月繳	03/01/2024		390		
ChatGPT	創作	月繳	01/01/2023		637		
Canva (團隊版)	創作	年繳	05/01/2022		9,664		

step 02　編輯列輸入如下公式 (或開啟書附資料 <公式01.txt> 複製內容文字貼上)，再選按 **儲存** 完成公式編寫。

```
if(

  prop("週期") == "年繳",

    dateAdd(prop("開始支付日"), ceil(dateBetween(now(), prop("開始支付日"), "years")) + 1, "years"),

    dateAdd(prop("開始支付日"), ceil(dateBetween(now(), prop("開始支付日"), "months")) + 1, "months")

)
```

```
Notion 公式 ?  1                                    接受 ctrl+Enter
                                          還原  2 儲存
if(
    週期  == "年繳",
    dateAdd( 開始支付日 , ceil(dateBetween(now(), 開始支付日 , "years")) + 1, "years"),
    dateAdd( 開始支付日 , ceil(dateBetween(now(), 開始支付日 , "months")) + 1, "months")
)
```

step 03 回到頁面，會發現各資料項目的 "下次支付日" 已依剛才編寫的公式完成資料填入。

預算資料庫

Aa 項目	☰ 類別	⊙ 週期	📅 開始支付日	Σ 下次支付日	# 支出金額	Σ 每月金額	Σ 支
房屋稅	生活	年繳	09/01/2005	2025年9月1日	2,560		
汽車保險	生活	年繳	01/15/2022	2025年1月15日	8,000		
電信費	生活	月繳	09/01/2005	2024年12月1日	599		
Notion AI	創作	月繳	03/01/2024	2024年12月1日	390		
ChatGPT	創作	月繳	01/01/2023	2024年12月1日	9,663		
Canva (團隊版)	創作	年繳	05/01/2022	2025年5月1日	637		
NETFLIX (高級方案)	影音	月繳	01/01/2023	2024年12月1日	325		

✦ 以公式計算 - 每月金額

"預算管理" 資料庫中，"每月金額" 是依 "週期" 區分年繳與月繳支付頻率，再依 "支出金額" 計算下每月支付的金額。公式逐步解析如下：

檢查週期並計算每月支出金額

- 公式：**if(prop("週期") == "年繳", prop("支出金額") / 12, prop("支出金額"))**
- 解析：
  - if(...)：if 條件檢查 "週期" 是否為 "年繳"。
  - 若週期為"年繳"，則將 "支出金額" 除以 12，得到每月的平均支出。
  - 若週期不是年繳 (在此範例即為月繳)，則直接使用 "支出金額" 的值。
- 用途：依據 "週期"，計算每月的支出金額。

四捨五入計算結果

- 公式：**round(...)**

- 用途：使用 round 函數將計算結果四捨五入為最接近的整數。

step 01 選按 "每月金額" 下方空格，開啟公式編輯視窗。("每月金額" 已於前面定義為 **公式** 類型)

Aa 項目	☰ 類別	◉ 週期	📅 開始支付日	Σ 下次支付日	# 支出金額	Σ 每月金額	Σ 支付
房屋稅	生活	年繳	09/01/2005	2025年9月1日	2,560	🖑	
汽車保險	生活	年繳	01/15/2022	2025年1月15日	8,000		

預算資料庫 ⋯

step 02 編輯列輸入如下公式 (或開啟書附資料 <公式02.txt> 複製內容文字貼上)，再選按 **儲存** 完成公式編寫。

round(if(prop("週期") == "年繳",prop("支出金額")/12,prop("支出金額")))

step 03 回到頁面，會發現各資料項目的 "每月金額" 已依剛才編寫的公式完成資料填入。

預算資料庫

Aa 項目	☰ 類別	◉ 週期	📅 開始支付日	Σ 下次支付日	# 支出金額	Σ 每月金額	Σ 支付
房屋稅	生活	年繳	09/01/2005	2025年9月1日	2,560	213	
汽車保險	生活	年繳	01/15/2022	2025年1月15日	8,000	667	
電信費	生活	月繳	09/01/2005	2024年12月1日	599	599	
Notion AI	創作	月繳	03/01/2024	2024年12月1日	390	390	
ChatGPT	創作	月繳	01/01/2023	2024年12月1日	637	637	
Canva (團隊版)	創作	年繳	05/01/2022	2025年5月1日	9,664	805	
NETFLIX (高級方案)	影音	月繳	01/01/2023	2024年12月1日	325	325	

✦ 以公式計算 - 支付金額評估

"預算管理" 資料庫中，"支付金額評估" 是依 "每月金額" 的值，為項目添加視覺化標籤（以 ● 紅色、● 橙色、 黃色和 ● 綠色代表不同金額等級）。公式逐步解析如下：

條件式判斷

■ 公式：

```
if(prop("每月金額") > 500,"● 高",
    if(prop("每月金額") > 300,"● 中",
        if(prop("每月金額") > 100, "○ 低","● 非常低"
    )
  )
)
```

■ 解析：

- 是否超過 500，是，則顯示紅色標籤 "● 高"；否，則執行下一個判斷。

- 是否超過 300，是，則顯示橙色標籤 "● 中"；否，則執行下一個判斷。

- 檢查是否超過 100，是，則顯示黃色標籤 " 低"。

- 上述條件皆不符合 (即 "每月金額" 在 100 以下)，則顯示綠色標籤 "●非常低"。

■ 用途：依據 "每月金額" 的範圍自動標註 "高"、"中"、"低"、"非常低" 等級，並以顏色標籤呈現，方便識別不同支出範圍的項目。

step 01 選按 "支付金額評估" 下方空格，開啟公式編輯視窗。("支付金額評估" 已於前面定義為 **公式** 類型)

預算資料庫 …							
Aa 項目	≡ 類別	⊙ 週期	∑ 下次支付日	# 支出金額	∑ 每月金額	∑ 支付金額評估	∑ 已
房屋稅	生活	年繳	2025年9月1日	2,560	213		
汽車保險	生活	年繳	2025年1月15日	8,000	667		

step 02 編輯列輸入如下公式 (或開啟書附資料 <公式03.txt> 複製內容文字貼上)，再選按 **儲存** 完成公式編寫。

```
if(prop("每月金額") > 500,"● 高",
   if(prop("每月金額") > 300,"● 中",
      if(prop("每月金額") > 100, "○ 低","● 非常低"
      )
   )
)
```

```
Notion 公式 ⑦        ①                               還 ② 儲存
if( ∑ 每月金額 > 500,"● 高",
    if( ∑ 每月金額 > 300,"● 中",
        if( ∑ 每月金額 > 100, "● 低","● 非常低"
        )
    )
)

= ● 低                                                        ◉
```

step 03 回到頁面，會發現各資料項目的 "支付金額評估" 已依剛才編寫的公式完成資料填入。

預算資料庫							
Aa 項目	≡ 類別	⊙ 週期	∑ 下次支付日	# 支出金額	∑ 每月金額	∑ 支付金額評估	∑ 已
房屋稅	生活	年繳	2025年9月1日	2,560	213	● 低	
汽車保險	生活	年繳	2025年1月15日	8,000	667	● 高	
電信費	生活	月繳	2024年12月1日	599	599	● 高	
Notion AI	創作	月繳	2024年12月1日	390	390	● 中	

✦ 以公式計算 - 已繳總費用

"預算管理" 資料庫中，"已繳總費用" 是依 "開始支付日" 與當前日期之間的月份數 (包括當月)，計算已繳費用。公式逐步解析如下：

計算月份數

- 公式：**dateBetween(now(), prop("開始支付日"), "months")+1**
- 解析：
  - 用 dateBetween 函數計算 "開始支付日" 與當前日期之間的完整月數。
  - 加 1 表示包含當前月份在內的繳費。

計算已繳總費用

- 公式：**(... + 1) * prop("每月金額")**
- 解析：
  - 以包含當月在內的月數乘以 "每月金額"，得出已繳總費用。
- 用途：不論是否已滿一個月、直接將開始日期至今的月份數 (包含當月) 乘以每月金額來計算累計繳費金額。

step 01 選按 "已繳總費用" 下方空格，開啟公式編輯視窗。("已繳總費用" 已於前面定義為 **公式** 類型)

Aa 項目	☰ 類別	⊙ 週期	Σ 每月金額	Σ 支付金額評估	Σ 已繳總費用	⊘ 相關頁面
房屋稅	生活	年繳	213	● 低		etax.nat.gov.tw/etw...
汽車保險	生活	年繳	667	● 高		
電信費	生活	月繳	599	● 高		
Notion AI	創作	月繳	390	● 中		netflix.com/tw/
ChatGPT	創作	月繳	637	● 高		chatgpt.com/
Canva (團隊版)	創作	年繳	805	● 高		canva.com/
NETFLIX (高級方案)	影音	月繳	325	● 中		notion.so/

預算資料庫 ⋯

＋ 新頁面

step 02 編輯列輸入如下公式 (或開啟書附資料 <公式04.txt> 複製內容文字貼上)，再選按 **儲存** 完成公式編寫。

(dateBetween(now(), prop("開始支付日"), "months")+1) * prop("每月金額")

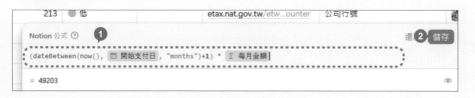

step 03 回到頁面，會發現各資料項目的 "已繳總費用" 已依剛才編寫的公式完成資料填入。

預算資料庫

Aa 項目	☰ 類別	⊙ 週期	Σ 每月金額	Σ 支付金額評估	Σ 已繳總費用	⊘ 相關頁面
房屋稅	生活	年繳	213	● 低	49203	etax.nat.gov.tw/etw...
汽車保險	生活	年繳	667	● 高	22678	
電信費	生活	月繳	599	● 高	138369	
Notion AI	創作	月繳	390	● 中	3510	netflix.com/tw/
ChatGPT	創作	月繳	637	● 高	14651	chatgpt.com/
Canva (團隊版)	創作	年繳	805	● 高	24955	canva.com/
NETFLIX (高級方案)	影音	月繳	325	● 中	7475	notion.so/

＋ 新頁面

step 04 最後可依相同方式，為數字套用合適的格式。

週期	日	# 支出金額	Σ 每月金額	Σ 支付金額評估	Σ 已繳總費用	⊘	← 編輯屬	請選格式...
年繳	日	2,560	213	● 低	49,203	et	Σ 已繳	數字
年繳	日	8,000	667	● 高	22,678		類型	帶千分位分隔符號的數字
月繳	日	599	599	● 高	138,369		編輯公式	百分比
月繳	日	390	390	● 中	3,510	ne	數字格式	美元
月繳	日	637	637	● 高	14,651	ch	顯示為	澳幣
年繳	日	9,664	805	● 高	24,955	ca	42	加拿大幣
年繳	日	325	325	● 中	7,475	ne	數字	新加坡幣
							變更適用於	歐元
								英鎊

Tip

6 資料庫的多種瀏覽模式

Do it !

資料庫可以藉由多種瀏覽模式呈現資料內容，目前支援 **表格**、**看板**、**圖表**、**列表**、**時程表**、**日曆**、**圖庫** 和 **表單** 八種模式。

瀏覽模式各具特色，可依不同資料與用途選擇最合適的來套用；同一資料庫雖然以各式瀏覽模式呈現，但編修資料時會同步更新。

✦ 表格瀏覽模式

表格 瀏覽模式即資料庫預設呈現方式，也是此章前面一直在練習的，常用於事項清單、記帳、明細記錄，最下方的列還可計算總筆數、加總、平均...等。

✦ 看板瀏覽模式

看板 瀏覽模式，會依項目分組整理並以看板式呈現，常用於管理特定主題下的相關資料，能彈性移動事項到其他分組，若資料中有圖片即可指定為看板預覽圖。

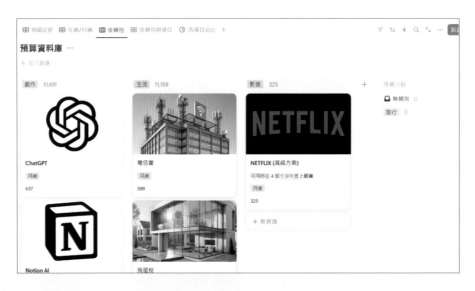

✦ 列表瀏覽模式

列表 瀏覽模式，簡單以條列方式呈現資料，常用於筆記、記錄或不需要太多屬性的文件。**列表** 與 **圖庫** 瀏覽模式，會將資料依行動裝置螢幕寬度自動調整配置方式，方便用行動裝置查找資料。

✦ 圖庫瀏覽模式

圖庫 瀏覽模式非常適合包含大量圖片元素的資料庫，常用於管理旅行遊記、讀書心得、影片賞析、料理食譜...等資料項目。

✦ 日曆瀏覽模式

日曆 瀏覽模式以日曆方式呈現，讓你直接查看每個日期的相關資料項目，並可選按項目開啟單獨頁面，瀏覽詳細內容。

✦ 時程表瀏覽模式

時程表 瀏覽模式非常適合用於以日期或時間為基礎的資料內容，常見於專案、計劃或任務排程等情境，能有效規劃進度，順利完成各項目標。

✦ 圖表瀏覽模式

圖表 瀏覽模式能將資料以視覺化形式呈現，更直觀地分析和比較數據。適合用於展示趨勢、分析結果或任何需要數據可視化的情境。

✦ 表單瀏覽模式

表單 瀏覽模式提供了一個直觀的介面，方便輸入和收集資料。適合用於調查、報名或任何需要獲取用戶資訊的情境。

Tip 7 表格瀏覽模式與分組管理

 Do it !

表格 瀏覽模式為資料庫預設模式，提供清晰的資料排列與計算功能，透過此模式分類管理 "年繳" 與 "月繳" 各項明細。

✦ 新增表格瀏覽模式

step 01 資料庫瀏覽模式標籤列，選按 ⊞ > **表格**。

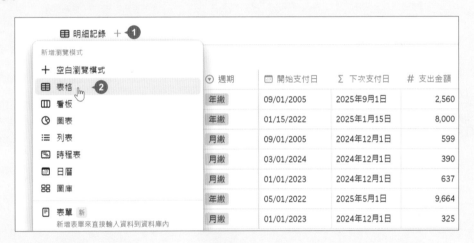

step 02 資料庫右上角選按 ⋯，**檢視選項** 窗格輸入名稱：「年繳/月繳」。(選按瀏覽模式標籤可切換瀏覽模式)

	類別	週期	開始支付日	下次支付日	支出金額	每月金額
方案)	影音	月繳	01/01/2023	2024年12月1日	325	32
	生活	月繳	09/01/2005	2024年12月1日	599	59
	創作	月繳	01/01/2023	2024年12月1日	637	63
版)	創作	年繳	05/01/2022	2025年5月1日	9,664	80
	創作	月繳	03/01/2024	2024年12月1日	390	39
	生活	年繳	09/01/2005	2025年9月1日	2,560	21
	生活	年繳	01/15/2022	2025年1月15日	8,000	66

檢視選項
- 年繳/月繳
- 版面配置
- 屬性
- 篩選
- 排序
- 分組
- 自動化
- 載入限制

✦ 表格資料分組管理

將資料庫中的資料分組管理,方便更快速的找到需要的訊息。

step 01 資料庫右上角選按 ⋯ > **分組**。

step 02 **分組方式** 中選擇分組依據,此範例選按 "週期"。

Aa 項目	≔ 類別	◉ 週期	▦ 開始支付日	Σ 下次支付日	# 支出金額	Σ 每月金額

預算資料庫 …

▼ 年繳 3

Aa 項目	≔ 類別	◉ 週期	▦ 開始支付日	Σ 下次支付日	# 支出金額	Σ 每月金額
Canva (團隊版)	創作	年繳	05/01/2022	2025年5月1日	9,664	80
汽車保險	生活	年繳	01/15/2022	2025年1月15日	8,000	66
房屋稅	生活	年繳	09/01/2005	2025年9月1日	2,560	21
＋ 新頁面						

▼ 月繳 4

Aa 項目	≔ 類別	◉ 週期	▦ 開始支付日	Σ 下次支付日	# 支出金額	Σ 每月金額
Notion AI	創作	月繳	03/01/2024	2024年12月1日	390	39
ChatGPT	創作	月繳	01/01/2023	2024年12月1日	637	637 ● 高

step 03 分組後，若前、後順序不如你預期，可以於 **可見分組** 清單中按住項目名稱左側 ⠿，往上或往下拖曳調整先後順序。

step 04 設定完成，可看到分組名稱左側會有一個 ▼，選按 ▼ 可以折疊、展開瀏覽每個分組內容。

	▦ 明細記錄	▦ 年繳/月繳 ＋				≡ ↑↓ ⚡

預算資料庫 …

▶ 年繳 3 … ＋

▼ 月繳 4

Aa 項目	≔ 類別	◉ 週期	▦ 開始支付日	Σ 下次支付日	# 支出金額	Σ 每月金額
Notion AI	創作	月繳	03/01/2024	2024年12月1日	390	390
ChatGPT	創作	月繳	01/01/2023	2024年12月1日	637	637
NETFLIX (高級方案)	影音	月繳	01/01/2023	2024年12月1日	325	325
電信費	生活	月繳	09/01/2005	2024年12月1日	599	599

Tip

8 看板瀏覽模式與分組管理

看板 瀏覽模式為資料庫提供任務分類與流程管理，透過此模式分類管理 "創作"、"生活" 與 "影音" 三個支出類別。

✦ 新增看板瀏覽模式

step 01 資料庫瀏覽模式標籤列，選按 ⊞ > **看板**。

step 02 資料庫右上角選按 ⋯，**檢視選項** 窗格輸入名稱：「依類別」。(選按瀏覽模式標籤可切換瀏覽模式)

✦ 看板資料分組管理

step 01　資料庫右上角選按 ⋯ > **分組**；**分組方式** 中選擇分組依據，此範例選按 "類別"。

step 02　分組後，若要調整看板順序，可以按住看板名稱往左或往右拖曳，調整順序。

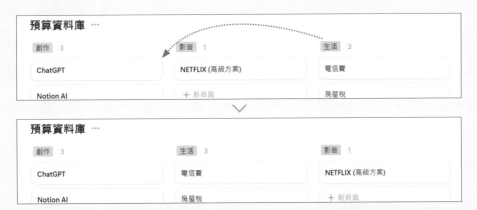

step 03　分組後，若要調整項目至其他看板，可以按住項目名稱拖曳至其他看板下方擺放。(此變更會連動改變資料庫中其他瀏覽模式內的資料，因此這裡僅說明，不做改變。)

看板預設背景是白色，可指定依標籤色彩呈現。資料庫右上角選按 ⋯ >
版面配置，選按 **填充欄背景顏色** 右側 ⬭ 呈 ⬬。

─── 小提示 ───

看板資料子分組

看板 建立了第一層的分組後，資料庫右上角選按 ⋯ > **子分組**，可以針對目前分組資料，指定子分組項目。

✦ 指定看板上出現的項目

看板預設僅出現類型為 Aa 的資料,其他資料需指定開啟。

step 01 資料庫右上角選按 ⋯ > **屬性**。

step 02 屬性名稱右側選按 👁 可切換隱藏、顯示模式,👁 顯示模式會移至 **已在看板中顯示** 清單,看板中即會顯示該屬性。按住屬性名稱左側 ⠿,上下拖曳可調整先後順序。

✦ 開啟看板的卡片預覽

step 01 資料庫右上角選按 ⋯ > **版面配置**。

step 02 選按 **卡片預覽** > **品牌LOGO**，可於每個看板開啟卡片瀏覽，以更視覺化的方式查看。

✦ 計算每個看板的值

看板也可依分組看板計算數量或數值，選按看板名稱右側的數值，選擇合適的計算方式即可產生結果值。

9 Tip 圖表瀏覽模式應用 Do it !

圖表 瀏覽模式讓資料庫內容以視覺圖表呈現，適合用於分析和追蹤數據。(免費工作空間中只能製作 1 個圖表)

✦ 新增圖表瀏覽模式

step 01 資料庫瀏覽模式標籤列，選按 ⊞ > **圖表**。

step 02 資料庫右上角選按 ⋯，**檢視選項** 窗格輸入名稱：「各項目佔比」。(選按瀏覽模式標籤可切換瀏覽模式)

✦ 指定圖表類型

資料庫右上角選按 ⋯，**圖表類型** 選按合適的類型。(此範例選按 **環形圖**；不同類型後續設定會稍有不同。)

✦ 指定資料項目

資料庫右上角選按 <kbd>⋯</kbd>，**顯示內容** 指定要分析的屬性 (在此選按 "項目")，**每片代表** 則是相對的值 (在此選按 "每月金額" > **值**)。

✦ 指定更多樣式選項

不同的圖表類型會有相對的樣式可以設定，環形圖可選按 **顏色** 調整環形扇片的顏色，選按 **更多樣式選項** 可開啟 **圖表說明**、**資料標籤**…等。

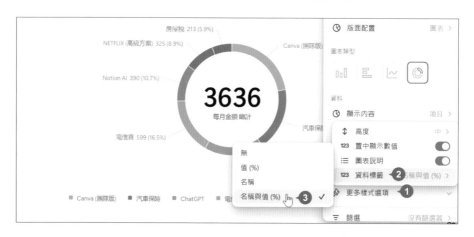

Tip 10 篩選與排序

Do it !

篩選 與 **排序** 可讓資料庫更具靈活性與多樣呈現效果，透過每個屬性設置條件，精確管理與組織資料。

將前面完成的 "依類別" 看板瀏覽模式，更名為 "依類別-年繳"，並複製一份更名為 "依類別-月繳"，並於後續套用篩選功能取得特定資料內容。

step 01
選按前面完成的 "依類別" 瀏覽模式標籤，切換到此瀏覽模式。資料庫右上角選按 ⋯，**檢視選項** 窗格輸入名稱：「依類別-年繳」。

step 02
資料庫右上角選按 ⋯，選按 **重複的依類別-年繳**，為複製的瀏覽模式更名為「依類別-月繳」，並拖曳至 "依類別-年繳" 右側擺放。

✦ 依指定項目篩選

step 01　切換至已完成製作的 "依類別-年繳" 看板瀏覽模式，資料庫右上角選按 ☰ > **週期**。

step 02　看板上方會出現篩選項目，篩選條件："週期" 有二個標籤，此瀏覽模式要呈現年繳項目，因此選按 **年繳**。

小提示

增、刪篩選項目

- 新增篩選項目：於篩選項目右側，選按 ⊞ **加入篩選**。

- 刪除目前的篩選項目：選按既有的篩選項目 > ⋯ > **刪除篩選**。

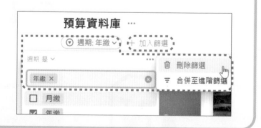

step 03 依相同方法，切換至前面完成製作的 "依類別-月繳" 瀏覽模式，藉由篩選 "週期" 中 "月繳" 標籤，讓看板僅呈現月繳相關資料。

step 04 若要隱藏篩選項目讓畫面簡單呈現，資料庫右上角選按 ☰ 即可將篩選項目切換成隱藏模式 (再次選按可切換回顯示模式)。

─ 小提示 ─

團隊協作區中為資料庫指定篩選

團隊協作區中為資料庫指定篩選後，需選按 **為所有人儲存**，儲存目前的篩選設定，若無儲存，則篩選結果只有自己看得到。

✦ 依指定項目排序

切換至 "年繳/月繳" 瀏覽模式，資料庫右上角選按 🔁，選按排序項目 **下次支付日**，資料庫名稱下方會出現排序項目，可指定為 **升序** 或 **降序**)。

─── 小提示 ───

增、刪排序項目

- 新增排序項目：選按排序項目 > **加入排序**。
- 刪除目前的排序項目：選按排序項目 > **刪除篩選**。

PART

05

專案管理
關聯資料庫與自動化按鈕

單元重點

"專案管理" 資料庫集中管理任務與追蹤進度，透過進度條、待辦清單、時程表...等功能，使專案進展一目了然，高效達成目標。

☑ 匯入 CSV 建立資料庫

☑ 資料庫自訂範本

☑ 編修、套用範本

☑ 會議記錄 AI 助理

☑ 設計任務進度條

☑ 任務截止日期提醒

☑ 待辦任務事項

☑ 建立例行性任務

☑ 整頁資料庫轉換為
　　內嵌資料庫

☑ 內嵌資料庫轉換為
　　整頁資料庫

☑ 資料庫關聯 & 匯總

☑ 資料庫自動化

☑ 設計專案時程表

Notion 學習地圖 \ 各章學習資源

作品：Part 05 專案管理 - 關聯資料庫與自動化按鈕 \ 單元學習檔案

Tip 1 匯入 CSV 快速建立資料庫 (Do it!)

除了從 "新增" 開始建立資料庫,也可以將 Excel、CSV 格式檔以 CSV 格式匯入 Notion,快速轉換成資料庫。

step 01 側邊欄 **私人** (或 **團隊**) 右側選按 ➕ 新增頁面;接著選按 ⋯ \ **匯入**。

step 02 視窗中選按 **CSV** 開啟對話方塊,選取欲匯入的 CSV 檔案,選按 **開啟**,開始匯入內容。

step 03 匯入的 CSV 檔案,會以檔名為資料庫名稱,依原欄、列呈現內容,並自動判斷資料屬性類型,滑鼠指標移到屬性與屬性之間呈 ↔ (出現藍色線條) 即可拖曳調整寬度。

CSV 檔匯入 Notion 常見問題

■ CSV 檔匯入後，出現亂碼！

匯入的 CSV 檔必須為 UTF-8 編碼。將 Excel 檔另存為 CSV 檔時，**存檔類型** 選擇 **CSV UTF-8 (逗號分隔)**，再選按 **儲存**。

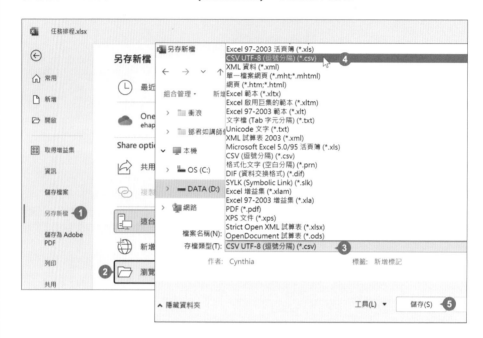

■ CSV 檔匯入後，日期資料為何都套用 **文字** 屬性類型？

若 CSV 檔中日期資料是 "2024/11/5" 格式，匯入 Notion 會套用 **文字** 屬性類型，若改成 "2024年11月5日" 格式，則匯入 Notion 會套用 **日期** 屬性類型。(若匯入 Notion 後才將日期由 **文字** 改成 **日期** 屬性類型，日期資料就會被清空，需重新輸入)

■ 是否可匯入 Excel (*.xlsx) 格式檔？

選按 **匯入 > CSV** 後，我們有試著匯入 Excel (*.xlsx) 檔案 (需將開啟檔案類型選擇：**所有檔案 (*.*)**)，發現是可以匯入，但部分 Excel 試算表內容可能發生資料無法取得的狀況，因此還是建議將 Excel (*.xlsx) 格式檔先另存成 **CSV UTF-8 (逗號分隔)** 的 CSV 檔後再匯入 Notion。

Tip 2 資料庫自訂範本 "會議記錄 AI 助理" (Do it！)

Notion 有二種自訂範本，此範例要建立資料庫內的範本，常用在記錄重複性高的資料 (不同資料庫，範本無法通用)。

✦ 新增自訂範本

step 01 資料庫右側選按 **新建** 清單鈕 **> 新範本**。

step 02 會開啟新範本編輯頁面，上方訊息說明正在編輯 "任務排程" 資料庫的範本；先為範本輸入名稱，再選按左上角 ⌜⌟ 以完整頁面開啟，方便後續編輯。

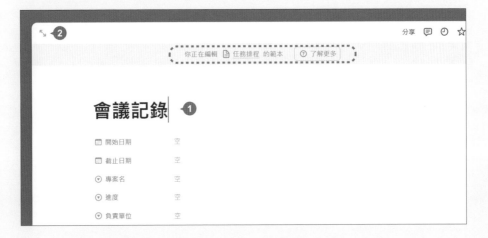

✦ 佈置範本

資料庫範本編輯模式，上方是資料庫原有屬性項目 (範本若新增屬性項目會套用到目前資料庫)，在此不異動，直接於下方設計會議記錄編寫版面 (編輯方式與一般頁面相同)。

step
01
頁面最下方空白區塊輸入「/標註」，選按 **標註** 插入，輸入文字「日期：」、「會議地點：」、「主持人：」、「與會者：」。

step
02
滑鼠指標移至標註左側選按 ⠿ > **顏色**，指定合適的背景顏色套用；選按標註左上角的圖示，可重新指定合適的表情符號或圖示。

step 03 滑鼠指標移至標註左側選按 ⊞，輸入「---」，下方即插入分隔線。

step 04 依相同方法再插入四個標註，並套用合適的顏色與圖示：「會議記錄內容」、「會議摘要」、「會議列項」、「後續安排與建議」。

step 05 調整 "會議摘要"、"會議列項" 二個項目為二欄式並排。滑鼠指標移至 "會議列項" 左側，按住 ⠿ 不放拖曳至 "會議摘要" 最右側出現藍色線條，再放開滑鼠左鍵。

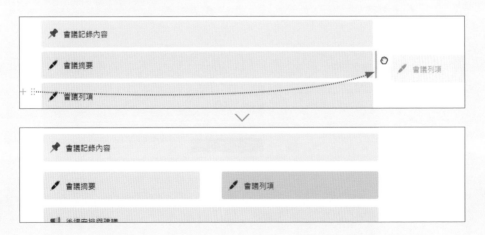

滑鼠指標移至 "會議記錄內容" 標註左側選按 ⊞，下方插入一空白區塊
方便輸入文字資料；依相同方法於 "會議摘要"、"會議列項" 下方插入
一空白區塊。

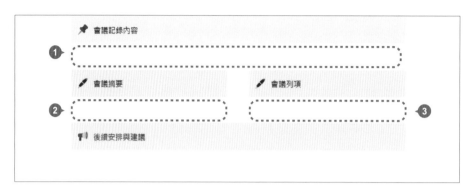

✦ 加入 AI 內容區塊

運用 Notion AI 可讓會議記錄自動依內容，辨識整理出會議摘要、總結重點、
列項還有後續追縱的行動清單。

於 "會議摘要" 下方按一下滑鼠左鍵，輸入：「/AI」，選按 **內容區塊
AI**，插入此 AI 區塊。

step 02 區塊中輸入提示詞：「依 "會議記錄內容" 整理總結 summarize ，以專業的方式說明，100字以內。」。

step 03 相同操作方式，於 "會議列項" 下方插入 **內容區塊 AI** 區塊，輸入：「依 "會議記錄內容" 整理關鍵重點 find action items。」。

step 04 相同操作方式，於 "後續安排與建議" 下方插入 **內容區塊 AI** 區塊，輸入：「依 "會議記錄內容"，整理會議後續安排與建議。」。

以專業的方式說明，100字以內。

產生

action items。

產生

📢 後續安排與建議

✦ 依 "會議記錄內容"，整理會議後續安排與建議。   產生

step 05 完成範本佈置，左上角選按 **任務排程**，回到資料庫。

任務排程   會議記錄

你正在編輯 📄 任務排程 的範本   ⑦ 了解

✦ 套用範本，自動生成會議總結、列項與行動清單

step 01　完成範本設置回到資料庫，滑鼠指標移至 Aa (標題) 任一項目上方，選按右側的 **打開**。

step 02　會於右側開啟頁面，選按左上角 ⤢ 以完整頁面開啟，方便後續編輯。

step 03　頁面最下方，選按剛剛新增的 "會議記錄" 範本，會出現範本中佈置的物件與版式。

> 按 Enter 鍵來以空白頁面繼續操作，或選擇一個範本 (以 ↑↓ 選擇)
>
> 📄 會議記錄
>
> 📄 空白頁面

step 04　輸入會議日期、地點、主持人、與會者資料，再於 "會議記錄內容" 下方輸入會議記錄的內容資料。(可開啟書附資料 <會議資料.txt> 複製貼上)

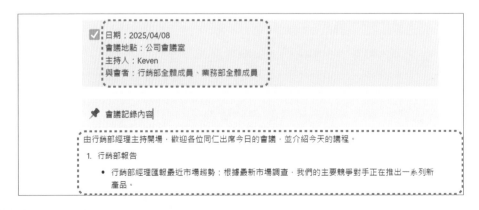

step 05 於 **"會議摘要" 內容區塊 AI 區塊**選按 **產生**，稍待一下會於區塊中生成結果。(免費帳號可以生成 20 次)。

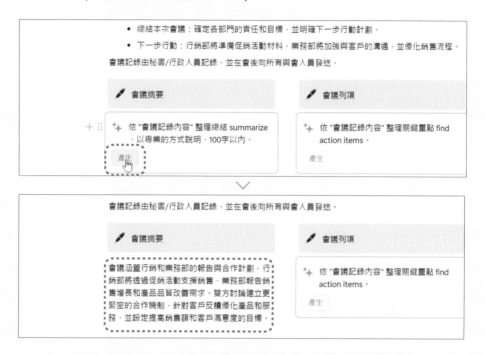

step 06 於生成的內容按一下滑鼠左鍵，快速工具列選按 **由 AI 產生**，可開啟提示詞對話框，調整提示詞、重新送出、生成；如果修改會議記錄後想重新生成，選按 **更新** 則會依目前提示詞重新生成。

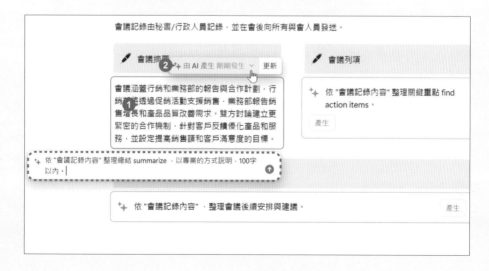

相同操作方式，由 AI 生成 "會議列項" 與 "後續安排與建義" 資料。

會議摘要

會議涵蓋行銷和業務部的報告與合作計劃，行銷部將透過促銷活動支援銷售，業務部報告銷售增長和產品品質改善需求。雙方討論建立更緊密的合作機制，針對客戶反饋優化產品和服務，並設定提高銷售額和客戶滿意度的目標。

會議列項　✦ 由 AI 產生 1 分鐘前 ⌄　更新

1. 行銷部準備下季度線上促銷活動及加強社交媒體宣傳。
2. 業務部與品質控制部門合作，優化產品測試流程。
3. 行銷部提供銷售促進資源支援業務部。
4. 雙方建立定期匯報和協調工作的合作機制。
5. 設定下季度提高銷售額15%的目標。
6. 改善客戶滿意度。
7. 行銷部準備促銷活動材料。
8. 業務部加強與客戶的溝通，優化銷售流程。

後續安排與建議

- 行銷部需在下季度之前準備促銷活動材料，並加強社交媒體上的宣傳。
- 業務部應立即與品質控制部門合作，優化產品測試流程，以提高產品品質。
- 雙方建立定期的匯報和合作機制，確保行銷和業務部門之間的緊密合作。
- 設定下季度提高銷售額15%的目標，同時努力改善客戶滿意度。
- 行銷部提供更多的銷售促進資源，支持業務部的銷售工作。
- 加強行銷部和業務部之間的溝通，提高協調效率。

✦ 修改、複製和刪除範本

資料庫右側選按 **新建** 清單鈕，會出現此資料庫的範本，於想要調整的範本右側選按 ⋯ ，可選擇 **編輯**、**建立複本** 或 **刪除**...等相關操作。

截止日期	⊙ 專案名	⊙ 進度	⊙ 負責單位	☰ 負責
3年11月11日	項目培訓	完成	單位 A	James
3年11月30日	項目培訓	進行中	單位 A	Mary
3年12月15日	項目培訓	未開始	單位 A	Mary
3年6月25日	年底行銷活動	完成	單位 B	William	$0
3年7月5日	年底行銷活動	進行中	單位 B	William	$50,000
3年7月25日	年底行銷活動	進行中	單位 B	Jennifer	$0
3年7月30日	年底行銷活動	未開始	單位 A	James	$0
3年8月5日	年底行銷活動	未開始	單位 A	Jennifer	$0

範本 · 用於 **任務排程**　　　　編輯此範本

⋮⃕ 📄 會議記錄
📄 空白頁面　　　　　　預設

＋ 新範本

↻ 重複　　　　關閉 ⌄
🏳 設定為預設
✎ 編輯
📋 建立複本
🗑 刪除

3 專案狀態管理與視覺呈現

Do it !

資料庫的 **狀態** 屬性搭配公式，能輕鬆設計出任務進度條，直觀顯示每個任務的完成狀態。

✦ 為進度套用 "狀態" 屬性

專為追蹤項目進度而設計，透過狀態標示，如 "未開始"、"進行中"、"完成"，追蹤任務進度與管理。

step 01 於 "進度" 上按一下滑鼠左鍵，選按 **編輯屬性**，**編輯屬性** 窗格中指定 **類型** 為 **狀態**。

step 02 **狀態** 類型預設有 **待辦事項、進行中、已完成** 三個狀態，又各自預設：**未開始、進行中、完成** 選項；如果要新增選項，於各選項右側選按 ⊞，選按選項項目可調整名稱與顏色。

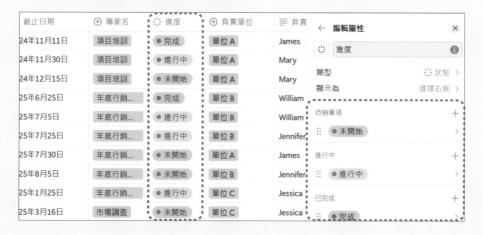

✦ 用公式打造進度條

依進度狀態 "未開始"、"進行中"、"完成",打造進度條視覺化呈現。

step 01 於資料庫最右側欄位選按 ⊞ 新增屬性,指定類型:**公式**,輸入屬性名稱:「進度條」。

step 02 於 "進度條" 屬性欄名上按住滑鼠左鍵不放,拖曳至 "進度" 欄右側擺放;再選按 "進度條" 下方空格,開啟公式編輯視窗。

step 03 編輯列輸入如下公式 (或開啟書附資料 <公式.txt> 複製內容文字貼上),再選按 **儲存** 完成公式編寫。

if(prop("進度") == "完成", "▓▓▓▓▓▓▓▓▓▓▓▓▓▓▓▓▓▓",

if(prop("進度") == "進行中", "▓▓▓▓▓▓▓▢▢▢▢▢▢",

if(prop("進度") == "未開始", "▢▢▢▢▢▢▢▢▢▢▢▢▢", "")))

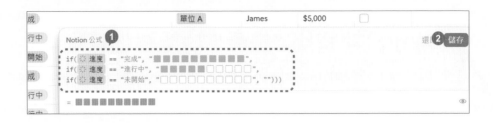

step 04 回到頁面，會發現各資料項目的 "進度條" 已依剛才編寫的公式完成進度狀況視覺化。

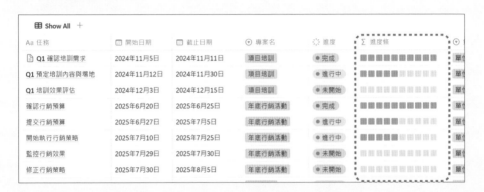

─ 小提示 ─

改變進度條上的圖示

公式進度條上的圖示可以使用 emoji 表情符號，開啟一新頁面，輸入「/表情符號」(或 「emoji」)，從中找尋合適的圖示插入，再複製該圖示至公式中使用即可。

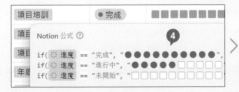

4 截止日期套用 "提醒" 功能強化管理

日期欄位的提醒功能讓團隊在截止日期前收到提醒，確保任務不會被忽略或延誤，提升專案執行的準確度及時效性。

日期欄位的 **提醒** 功能必須逐筆設定，無法一次性為整個資料庫設置。

step 01 於 "截止日期" 選按任一筆資料 > **提醒**，指定合適的提醒時間點套用。

step 02 為日期欄位套用 **提醒** 後，該筆資料會呈紅色文字並多了一個鬧鐘圖示。

Aa 任務	📅 開始日期	📅 截止日期	⊙ 專案名	☼ 進度	Σ 掉
📄 **Q1** 確認培訓需求	2024年11月5日	2024年11月11日 ⏰	項目培訓	● 完成	▮▮
Q1 預定培訓內容與場地	2024年11月12日	2024年11月30日	項目培訓	● 進行中	▮▮
Q1 培訓效果評估	2024年12月3日	2024年12月15日	項目培訓	● 未開始	▮▮
確認行銷預算	2025年6月20日	2025年6月25日	年底行銷活動	● 完成	▮▮
提交行銷預算	2025年6月27日	2025年7月5日	年底行銷活動	● 進行中	▮▮
開始執行行銷策略	2025年7月10日	2025年7月25日	年底行銷活動	● 進行中	▮▮

掌握今日、本週、本月待辦任務 (Do it！)

為了方便管理不同截止時間的任務，透過篩選條件取得今日、本週、本月與需優先處理的待辦任務事項。

✦ 建立多篩選規則：當天或 "優先處理"

step 01 選按 **Show All** 表格瀏覽模式標籤 > **複製**，於右側輸入瀏覽模式標籤名稱：「今日待辦」。

step 02 於 "今日待辦" 瀏覽模式標籤，資料庫右上角選按 ☰ > **截止日期**。

step 03 篩選出今日任務，設定為：**開始日期、相對於今天、當、天**。

step 04 於日期篩選面板右上角選按 ⋯ > **合併至進階篩選**。

step 05 篩選規則二，需優先處理的任務：選按 ﹢ > **加入篩選規則**；設定為：**或、優先處理、是、已勾選**。

✦ 建立多篩選規則：當週或 "優先處理"

step 01 選按 "今日待辦" 瀏覽模式標籤 > **複製**，於右側輸入瀏覽模式標籤名稱：「本週待辦」，按 Enter 鍵。

Aa 任務	開始日期	截止日期	專案名	進度	進度
確認行銷預算	2025年6月20日	2025年6月25日	年底行銷活動	● 完成	▆▆▆
提交行銷預算	2025年6月27日	2025年7月5日	年底行銷活動	● 進行中	▆▆▆

step 02　於 "本週待辦" 瀏覽模式標籤，資料庫右上角選按 ☰，選按 **2 個規則**，調整 **天** 為 **週**。

✦ 建立多篩選規則：當月或 "優先處理"

step 01　選按 "本週待辦" 瀏覽模式標籤 > **複製**，於右側輸入瀏覽模式標籤名稱：「本月待辦」，按 Enter 鍵。

step 02　於 "本月待辦" 瀏覽模式標籤，資料庫右上角選按 ☰，選按 **2 個規則**，調整 **天** 為 **個月**。

自動建立例行性任務事項

專案管理中,例行性任務會在特定時間間隔重複執行,例如:週會、每月檢查...等,可指定頻率,讓該任務事項自動於資料庫中建立。

step 01 　資料庫右側選按 **新建** 清單鈕,於想要作為例行性任務項目的範本右側選按 ⋯ > **重複**。

step 02 　指定重複的間隔,在此選按 **每週重複**;接著指定每週星期幾與 **開始**、**建立時間**,最後選按 **儲存**,如此一來會在指定的間隔與時間點自動於資料庫中建立該任務項目。

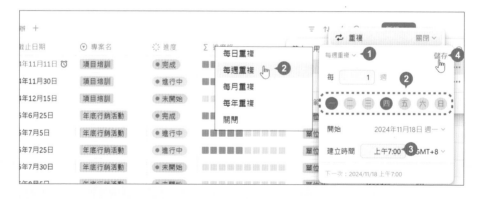

(若要關閉此例行性任務事項,只要於該範本右側選按 ⋯ > **重複**,再選按左上角的間隔設定 > **關閉** 即可。)

同一頁面佈置多個資料庫

(Do it !)

範例 "專案管理"，除了目前已完成的 "任務排程" 資料庫，預計要再建立 "專案進度表"、"單位進度表" 二個資料庫。

✦ 建立主頁面

藉由 "專案管理" 主頁面佈置三個資料庫，並於後續建立按鈕與資料庫連結。

step 01 側邊欄 **私人** 右側選按 ⊞ 新增頁面。

step 02 輸入頁面名稱「專案管理」，並加上合適的圖示與封面。

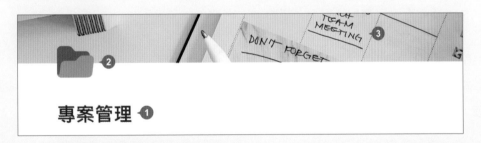

step 03 為方便後續設定，將頁面調整為寬版檢視：頁面右上角選按 ⋯ > **全寬** 右側 ◯ 呈 ◉ (於空白處按一下取消清單)。

參考 P5-6 相同方法，於 "專案管理" 主頁佈置多個標註區塊，方便後續頁面上多個資料庫、按鈕的建立與安排。

前面完成的 "任務排程" 資料庫是 **資料庫 - 整頁** 形式，為方便與後續的二個資料庫建立連結與互動，在此將其加入 "專案管理" 主頁中並轉換為 **資料庫 - 內嵌** 形式。

step
01

由側邊欄拖曳 "任務排程" 資料庫，至 "專案管理" 頁面 "任務進度" 標註區塊下方。

step 02 滑鼠指標移至 "任務排程" 左側選按 ⊞ > **轉換為內嵌**，將 "任務排程" 資料庫內容於主頁中展開。

✦ 複製資料庫瀏覽模式建立待辦清單

step 01 選按 "任務排程" 資料庫 "今日待辦" 瀏覽模式標籤 > **拷貝檢視連結**。

step 02 於左側 "今日待辦" 標註區塊下方，按一下滑鼠左鍵，再按 Ctrl + V 貼上剛剛複製的資料庫瀏覽模式，並選按 **聯結資料庫瀏覽模式**。

step 03 資料庫右側選按 ⋯ > **版面配置** > **列表**，並關閉 **顯示資料庫標題** 與 **顯示頁面圖示** 二個項目，即可在 "今日待辦" 標註區塊下方列項顯示今日待辦任務與需要優先處理的事項。

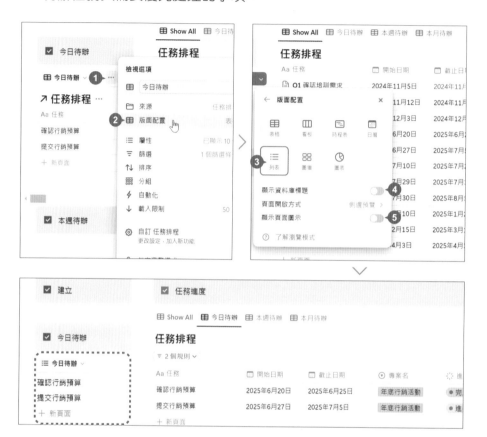

依相同方法，複製 "任務排程" 資料庫 "本週待辦" 瀏覽模式標籤，並於左側 "本週待辦" 標註區塊下方列項顯示本週待辦任務與需要優先處理的事項。

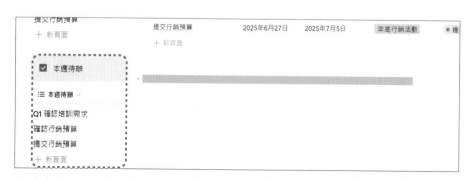

✦ 加入更多 "內嵌" 資料庫

於 "專案管理" 主頁,依序建立 "專案進度表"、"單位進度表" 二個資料庫,並為 **資料庫 - 內嵌** 形式,待後續 Tip 8 "資料庫間的關聯建立與應用",將與 "任務排程" 資料庫完成關聯設定。

step 01　"專案進度" 標註下方按一下滑鼠左鍵,輸入「/資料庫」,選按 **資料庫 - 內嵌**,即可於該行新增一個內嵌形式資料庫。

step 02　為新增的資料庫命名為:「專案進度表」,並於 Aa **名稱** 欄位輸入各專案名稱:「項目培訓」、「年底行銷活動」、「市場調查」、「十周年活動」。

step
03
"單位進度" 標註下方按一下滑鼠左鍵，輸入「/資料庫」，選按 **資料庫-內嵌**，即可於該行新增一個內嵌形式資料庫。

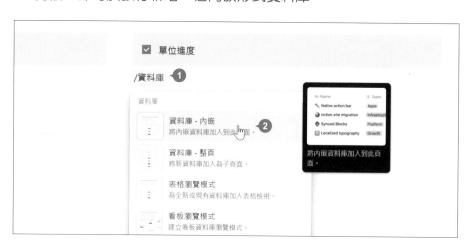

step
04
為新增的資料庫命名為：「單位進度表」，並於 Ａa **名稱** 欄位輸入單位名稱：「單位 A」、「單位 B」、「單位 C」。

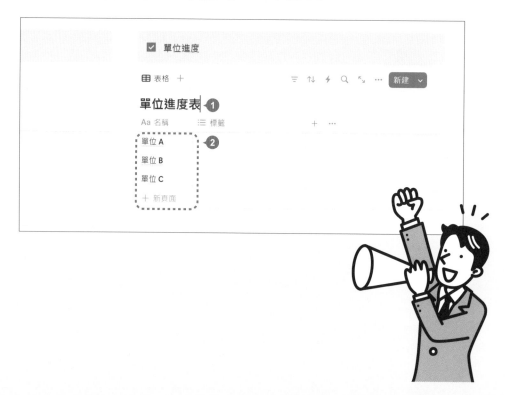

Tip

8 資料庫間的關聯建立與應用

(Do it!)

藉由 "任務排程" 資料庫輸入每筆任務的同時，相關資料會自動出現在 "專案進度表"、"單位進度表" 資料庫中，並統計完成度。

✦ 認識 "關聯" & "匯總"

不同資料庫也許有部分項目會是相同的，要同時於二個資料庫間來回記錄，若一有疏忽就容易出錯，想要更聰明使用 Notion 資料庫，就必須了解 **關聯**、**匯總** 這二個屬性。

■ **關聯**：資料庫中的 **關聯** 屬性能讓不同資料庫之間建立互通關係，實現數據連結與資訊整合。

■ **匯總**：資料庫中的 **匯總** 屬性可從關聯的資料庫中提取數據進行統計分析。

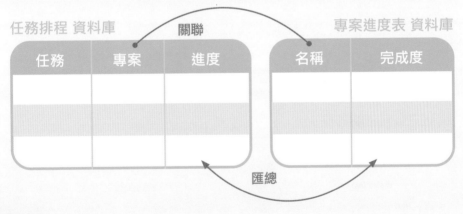

舉例說明：

■ 目前 "任務排程" 與 "專案進度表" 為各別獨立的二個資料庫，一旦使用 **關聯** 讓這二個資料庫相互關聯，於 "任務排程" 指定了每個任務的專案，即會於 "專案進度" 資料庫看到該專案中有哪些任務項目。

■ 再透過 **匯總** 取得 "任務排程" 資料庫中記錄每項任務的進度，於 "專案進度表" 資料庫匯總已完成的任務項目佔比。

✦ 設定資料庫關聯

首先於 "任務排程" 新增一 "專案" 新屬性欄與 "專案進度表" 資料庫關聯，原有的 "專案名" 屬性欄會於後續刪除。

step 01 選按 "任務排程" 資料庫 "Show All" 瀏覽模式標籤，於資料庫最右側欄位選按 ⊞ 新增屬性，指定類型：**關聯關係**，並關聯 "專案進度表" 資料庫。

step 02 為 "任務排程" 此屬性命名：「專案」，**雙向關聯** 右側選按 ⬤ 呈 ⬤，為 "專案進度表" 相關屬性命名：「任務」，最後選按 **新增關聯關係**，完成資料庫關聯設定。

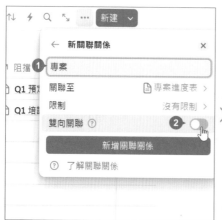 

step 03
完成後可於 **編輯屬性** 窗格右上角選按 ⊠ 關閉。"任務排程" 資料庫剛剛新增的 "專案" 左側圖示為 ↗，代表已套用 **關聯** 屬性類型；而 "專案進度表" 資料庫中也多了一個 "任務" 屬性欄，同樣左側圖示為 ↗。

...					
	☰ 負責人	☰ 預算	☑ 優先處理	↗ 專案	
位 A	James	$5,000	☐		
位 A	Mary	$20,000	☐		
位 A	Mary	$0	☐		
位 B	William	$0	☑		
位 B	William	$50,000	☑		
位 B	Jennifer	$0	☐		
位 A	James	$0	☐		
位 B	Jennifer	$0	☐		
位 C	Jessica	$2,000	☐		
位 C	Jessica	$0	☐		

← 編輯屬性　　　　　　　✕

↗　專案　　　　　　　ⓘ

類型　　　　　　↗ 關聯關係 ＞
關聯至　　　　　📄 專案進度表
限制　　　　　　沒有限制 ＞
雙向關聯 ⓘ　　　　　開啟 ＞

↩ 瀏覽模式裡換行　　　　◯
👁 在瀏覽模式中隱藏
🗑 刪除屬性

❓ 了解關聯關係

專案進度表

Aa 名稱	☰ 標籤	↗ 任務
項目培訓		
年底行銷活動		
市場調查		
十周年活動		
＋ 新頁面		

單位進度表

Aa 名稱	☰ 標籤
單位 A	
單位 B	
單位 C	
＋ 新頁面	

step 04
於 "任務排程" 資料庫，剛剛新增的 "專案" 屬性欄名上按住滑鼠左鍵不放，拖曳至原有的 "專案名" 欄右側擺放，方便後續對照填入資料。

任務排程 ...

案名	↗ 進度	Σ 進度條	⊙ 負責單位	☰ 負責人	☰ 預算	☑ 優先 專案	↗ 專案
培訓	● 完成	■■■■■■■■■■	單位 A	James	$5,000	☐	
培訓	● 進行中	■■■■■□□□□□	單位 A	Mary	$20,000	☐	
培訓	● 未開始	■□□□□□□□□□	單位 A	Mary	$0	☐	
行銷活動	● 完成	■■■■■■■■■■	單位 B	William	$0	☑	
行銷活動	● 進行中	■■■■□□□□□□	單位 B	William	$50,000	☑	
行銷活動	● 進行中		單位 B	Jennifer	$0		

step 05

選按 "任務排程" 資料庫第一筆任務 "專案" 項目，發現已取得 "專案進度表" 資料庫中預先輸入的資料，參考 "專案名" 中的資料選按合適的專案；可於空白處按一下取消清單，再一一完成其他筆任務 "專案" 項目指定。

step 06

待完成其他筆任務 "專案" 項目指定，可刪除 "任務排程" 資料庫原有的 "專案名" 屬性欄。

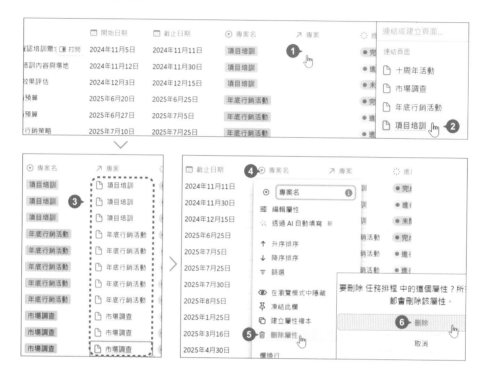

step 07

可於 "專案進度表" 資料庫的 "任務" 屬性欄中看到已依指定自動出現相對應的任務名稱。

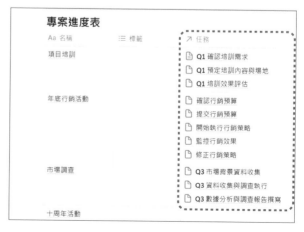

依相同方法，新增 "任務排程" 的 "單位" 屬性欄並與 "單位進度表" 資料庫關聯 (最後可刪除 "任務排程" 資料庫原有的 "負責單位" 屬性欄)：

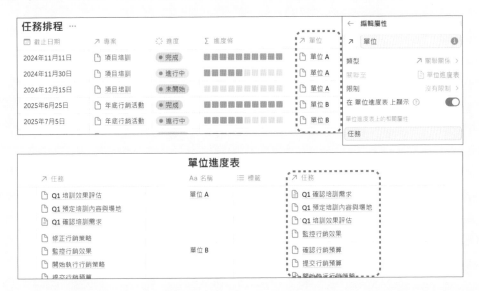

✦ 匯總 "進度" 為 "完成" 的項目數

匯總 是計算二個相互關聯資料庫內的特定資料，並顯示在指定資料庫內。目前已將 "任務排程" 與 "專案進度表" 資料庫相互關聯，接著想要在 "專案進度表" 資料庫取得 "任務排程" 資料庫 "進度" 的值並計算完成度總計佔比。

step 01　於 "專案進度表" 資料庫，將預設的 "標籤" 屬性欄移至第三欄，並選按其屬性名，更名為：「完成度」，再按 **編輯屬性**，指定 **類型：匯總**。

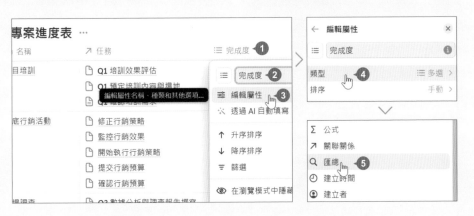

step 02 設定 **關聯關係：任務、屬性：進度、計算：百分比 > 每個分組的百分比 > Complete** (完成)，可取得 "任務排程" 資料庫 "進度" 屬性欄中 "完成" 項目的總計佔比。(**To-do** 為 **未開始**；**In progress** 為 **進行中**)

step 03 設定總計佔比值的顯示方式與顏色。(不同計算方式，可設定的格式稍有不同)

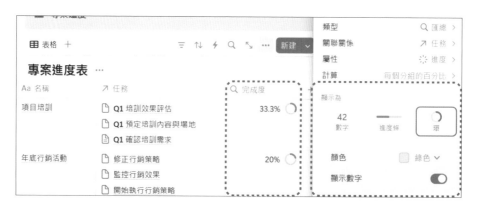

依相同方法，於 "單位進度表" 資料庫，將預設的 "標籤" 屬性欄移至第三欄，再調整為 "完成度"，套用相關設定，取得 "任務排程" 資料庫 "進度" 屬性欄中 "完成" 項目的總計佔比。

Tip 9 強化工作流程的自動化按鈕

(Do it！)

資料庫按鈕能自動生成例行任務或完成指定要求，頁面按鈕則讓專案成員隨時一鍵新增自訂內容，雙重應用讓專案管理更有效率。

✦ 建立資料庫自動化按鈕

Notion 資料庫中，**按鈕** 屬性類型的設置是為了簡化操作流程，提供一鍵執行特定動作的功能。在此要為 "任務排程" 資料庫每筆新任務建立 "建立新任務" 按鈕，按下該按鈕會執行以下動作：

- 於 "任務排程" 資料庫開新頁面 (新增任務)。

- 於 "開始日期" 自動填入當天日期。

- 於 "進度" 狀態自動呈現：**進行中**。

step 01 於 "任務排程" 資料庫最右側欄位選按 ⊞ > **按鈕**。

step 02 輸入屬性名稱，再選按 **編輯自動化**。

step 03 於設定畫面輸入按鈕名稱，選按 **+ 新動作 > 建立頁面**。

step 04 設定 **將頁面加入到**：**任務排程** 資料庫，作為：**空白**；再設定執行的動作為 **開始日期**：**觸發日期**，選按 **編輯另一個屬性**。

設定第二個動作為 **進度**：**進行中**，選按 **儲存**。

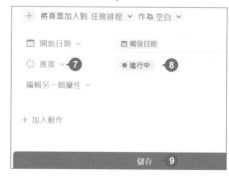

step 05 完成按鈕屬性建立後，可按住該屬性欄名往前拖曳至資料庫第一個欄位，並調整欄寬，方便使用此自動化按鈕。

step 06 按下資料庫中已設定好的自動化按鈕 "建立新任務"，會於資料庫最後一筆資料下方建立一新任務，並依指定的按鈕動作執行。

✦ 建立一般頁面自動化按鈕

在 Notion 頁面上新增 **按鈕** 區塊，可提升頁面操作的靈活性與互動性。在此要於 "專案管理" 頁面新增 "新增項目培訓專案" 與 "新增市場調查專案" 按鈕，按下該按鈕會執行以下動作：

■ 於 "任務排程" 資料庫開新頁面 (新增任務)。

■ 定義頁面名稱。

■ "開始日期" 自動填入當天日期。

■ "進度" 狀態自動呈現：**進行中**。

■ 依按鈕用途設置專案項目。

step 01　於 "專案管理" 頁面 "建立" 標註下方，輸入「/按鈕」，選按 **按鈕**；設定畫面輸入按鈕名稱，選按 **+ 新動作 > 建立頁面**。

step 02　設定 **將頁面加入到：任務排程** 資料庫，作為：**空白**；再於 **Aa任務** 輸入：「 (年度) (季別) 項目培訓」，選按 **編輯另一個屬性**。

step 03 設定其他動作為：

開始日期：**觸發日期**

進度：**進行中**

專案：**項目培訓**

最後選按 **完成**。

step 04 按下剛剛建立的自動化按鈕 "新增項目培訓專案"，會於資料庫最後一筆資料下方建立一培訓專案新任務，並依指定的按鈕動作執行。

依相同方法，設計第二個自動化按鈕 "新增市場調查專案"，按下該按鈕即可於資料庫最後一筆資料下方建立一新任務：(年度) (季別) 市場調查，並依指定的按鈕動作執行。

Tip 10 設計時程表追蹤進度

Notion 資料庫的 **時程表** 瀏覽模式,以直觀的時間軸形式呈現任務或事件的起始和結束時間,常用於團隊規劃和追蹤專案進度。

✦ 建立資料庫 "時程表" 瀏覽模式

時程表 瀏覽模式相似甘特圖的視覺呈現,需要包含至少一個日期相關的屬性欄,若需要呈現日期範圍,則需有開始和結束日期。

step 01 資料庫瀏覽模式標籤列,選按 ⊞ > **時程表**。

step 02 資料庫右側選按 ⋯ > **版面配置**,選按 **單獨的開始和結束日期** 右側 ◗ 呈 ◖,設定 **開始日期:開始日期、結束日期:截止日期**,時程表中每個任務項目則會以日期區段顯示。

✦ 指定時程表中顯示的屬性資料

資料庫右側選按 ⋯ > **屬性**，於 "專案"、"進度" 屬性名稱右側選按 👁 ，即移至
已在時程表中顯示 清單，可與任務名稱同時顯示於時程表中。

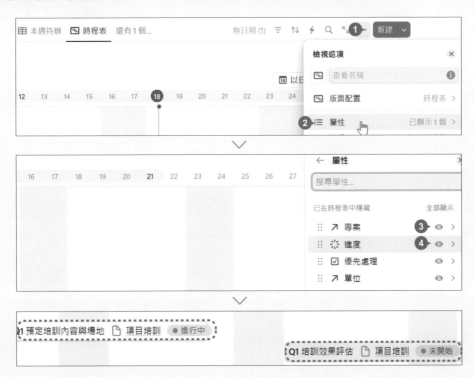

✦ 篩選與排序項目

step 01 資料庫右上角選按 ▤ > **進度**。

step 02 資料庫名稱下方會出現篩選項目，可核選要篩選僅顯示項目，或選按右上角 ⋯ > **刪除篩選**，可移除篩選設定。(此範例不套用篩選)

step 03 資料庫右上角選按 ↕ > **開始日期**，時程表內的任務項目會依開始日期，由上至下遞增 (升序) 列項。

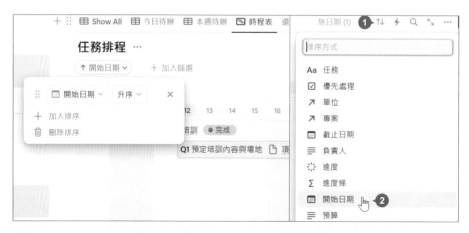

✦ 更改檢視方式 (小時、日、週、月、季、年)

時程表 瀏覽模式可以透過右上角的 **月**，切換 **小時、天、週、雙週、月、季、年** 視覺化方式，調整可視範圍，能夠根據需求從小時的任務檢視，快速切換到整年度的專案進度規劃。

✦ 快速切換到指定項目日期時間點

當任務量多且前、後時間範圍較長時，部分任務可能超出目前畫面範圍。**時程表** 瀏覽模式提供了 ←、→ **快速箭頭**，位於時程表左、右側。只需選按 ← 或 →，即可快速切換到該任務的日期時間點。

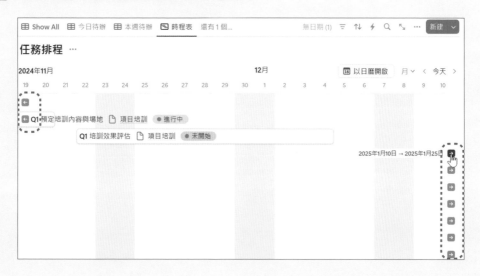

✦ 新增項目與調整日期

step 01 時程表最下方 **新增** 列，合適的日期處按一下滑鼠左鍵，會直接新增一個任務項目。

| | 1月 | 18 以日曆開啟 月∨ 〈 今天 〉 |

(4) 25 26 27 28 29 **30** 31 1 2 **3** 4 5 6 7 8 9 10 11 12

＋

step 02 輸入任務項目的名稱，滑鼠指標移至項目左、右二側呈 ⬌ 時拖曳可調整開始與截止日期；選按項目可開啟任務頁面，填入其他資料。

| | 1月 | 18 以日曆開啟 月∨ 〈 今天 〉 |

(4) 25 26 27 28 29 **30** 31 1 2 3 4 **5** 6 7 8 9 10 11 12

① 113 年度市場調查評估　　　**②** ⬌ 1月5日

Q3 市場背景資料

∨

| | 1月 | |

27 28 **30** 31 1 2 3 4 **5** 6

113 年度市場調查評估 **③**

113 年度市場調查評估

📅 開始日期	2024年12月30日
📅 截止日期	2025年1月5日
☼ 進度	空
☰ 負責人	空
☰ 預算	空
☑ 優先處理	☐
↗ 單位	空

✦ 建立項目相依性

時程表 瀏覽模式中，**相依性** 是專案管理的重要功能，可以設定任務間的先後順序與依賴關係，例如：某任務需在另一任務完成後才開始，或任務間隔天數需固定不更動...等。

step 01 先指定任務項目的相依性：資料庫右側選按 ⋯ > **自訂 任務排程** > **相依性**，此範例套用 **維護緩衝區** 設定 (三種設定上的差異可參考下頁說明)，可選擇是否要 **避開週末**，再選按 **開啟相似性**。

相依性中的三個主要設定：

- **僅在日期重疊時才移動**：若某個任務的日期變更導致與相依任務日期重疊，會自動調整相依任務的開始日期，避免衝突。這種設定適合處理需避免日期衝突的情境，但不會主動調整不相關的任務。

- **維護緩衝區**：此設定確保相依任務之間保留預定的時間間隔 (緩衝期)。例如，若兩個任務之間設定有兩天的緩衝期，當前置任務的日期調整時，後續任務會自動移動以維護緩衝期，適合需要固定間隔的專案流程。

- **不要自動轉移**：相依任務之間的日期將不會因前置任務的變動而自動調整；適合用於獨立任務、日期固定的情境。

step 02 建立連結線：將滑鼠移至有關聯的該組任務第一個項目右側，會出現圓形連接點，按住該連接點不放拖曳至下一個項目左側放開，完成這二個項目的連結線指定。

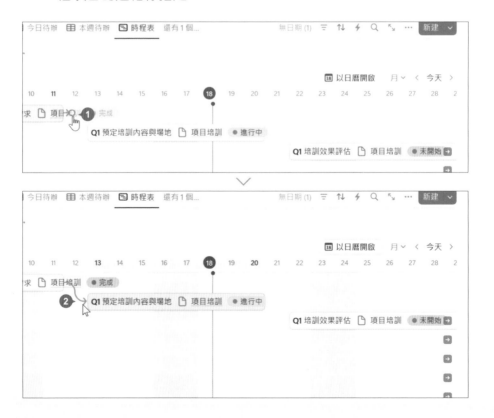

step 03 建立連結線：將滑鼠移至有關聯的該組任務第二個項目右側，會出現圓形連接點，按住該連接點不放拖曳至下一個項目左側放開，完成這二個項目的連結線指定，以此類推，為資料庫中需要此連結線的任務項目建立連結線。(此範例僅為 Q1 的三個任務建立連結線)

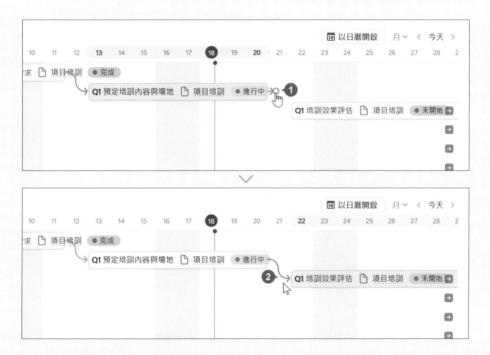

step 04 移動畫面中間的第二個任務項目 ("Q1 預定培訓內容與場地")，將其向前或向後拖動，模擬更改日期。發現前、後二個已套用相依性的任務項目，會自動保留原來的間隔天數，自動推遲或提早開始日期。

NOTE

PART

06

食譜與購物清單
快速套用範本

單元重點

透過免費範本加速建置自己的資料以及探索官方、全球開發者設計分享的 Notion 範本,學習並加強操作技巧。

☑ 開啟 Marketplace

☑ 4 種方法精準挑選合適的範本

☑ 將範本取回使用

☑ 修改範本標題與結構

☑ 調整範本欄位屬性與自訂內容

☑ 佈置個人化主頁

☑ 設計專屬 AI 食譜

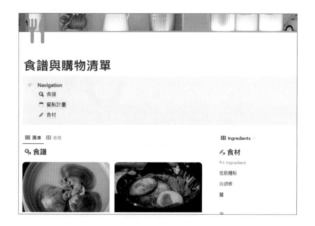

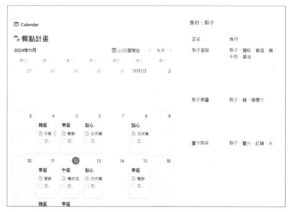

Notion 學習地圖 \ 各章學習資源

作品:Part 06 食譜與購物清單 - 快速套用範本 \ 單元學習檔案

開啟 Notion Marketplace

Do it！

當你想建立特定主題頁面卻對功能不熟悉、不知道該如何開始，這時可以套用並參考範本內容快速打造理想頁面。

Notion Marketplace 提供超過 20,000 款的範本，依主題分類，方便搜尋與套用。可以透過兩種方式進入：一是於側邊欄選按 **範本**，二是於新頁面最下方選按 **範本**。

Marketplace 中，可查看各式範本與熱門創作者介紹。

Tip 2 4 種方法精準挑選合適的範本

想快速找到最合適的範本！透過主題分類、關鍵字搜尋、熱門推薦與創作者作品集，快速鎖定理想範本。

✦ 以主題分類尋找

Notion 範本分類有 **探索**、**工作**、**生活**、**學習** 四大主題，每個主題又包含多種不同情境、類別的範本：

進入各主題頁面，於 **精選範本** 與 **所有範本** 選按各個範本項目，可進入詳細說明頁面；或是利用 ⊘ 價格、⌸ 製作者、⊕ 語言、☰ Feature、⇅ 排序，核選合適篩選條件制定搜尋範圍，也可以選按 **Use Case** (使用情境) 或右側各式應用類別搜尋更多相關範本。

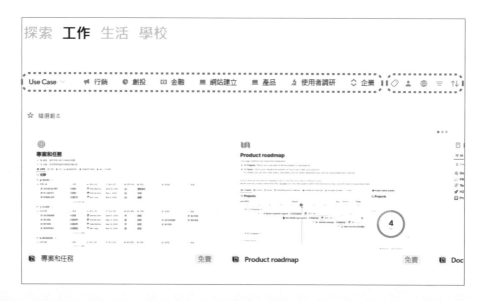

✦ 以關鍵字尋找

於 **Marketplace** 頁面右上角的搜尋欄位中輸入關鍵字，可以用中文搜尋，但建議使用英文搜尋可以有更多選擇，如：To Do List (待辦清單)、Travel Planner (旅行計畫)、Class Notes (上課筆記)、Task List (任務清單)...等，輸入後即可在清單中選擇，或是選按 **顯示所有搜尋結果** 於搜尋結果頁面中查看。

✦ 以熱門類別尋找

於 **Marketplace** 頁面主題分類下方會有推薦的類別，顯示目前較多人查看或是使用的項目，選按該項目之後就會進入相關的範本頁面。

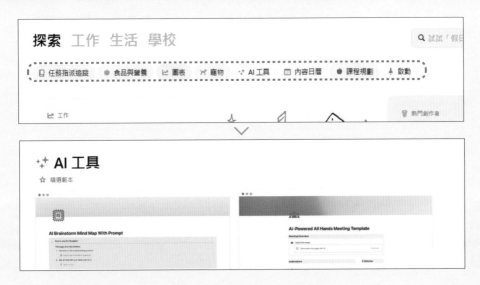

✦ 以範本創作者尋找

除了以主題、類別或關鍵字搜尋，還可以藉由範本創作者搜尋。於 **探索** 主題下方的 **精選創作者** 項目，會顯示目前較熱門的創作者，選按後即可進入該創作者的專屬頁面並瀏覽他所發布的所有範本作品；或是選按 **瀏覽全部**，於 **所有創作者** 頁面中再透過 ≡ 篩選或 ↕ 排序找到合適的創作者。

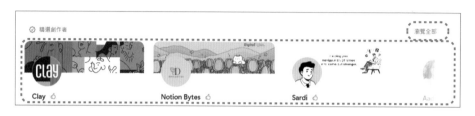

小提示

關於付費範本

範本有免費範本及付費範本，在範本圖示右下角顯示價格即為付費範本，選按該範本後，於支付畫面會顯示金額，有些會自動加上小費，支付前要看清楚再付款購買。

小提示

更多的 Notion 範本

除了 Notion 範本庫，也可以在 Google、YouTube 或 Instagram...等平台搜尋，以「Notion 範本」、「Notion 模板」關鍵字或再加上應用方法像是「Notion 模板 卡片盒筆記」，都可以找到其他外部的範本及更多使用推薦與說明。

Tip 3 將範本取回使用

Do it！

Notion 範本可快速取回使用，不僅能直接套用內建預設架構，還能根據需求自訂內容，大幅節省時間提升效率。

step 01 側邊欄選按 **範本**，於 **Marketplace** 頁面搜尋欄位輸入「Recipes」，再選按 **顯示所有搜尋結果**。

step 02 於搜尋結果頁面中選按合適的範本，此範例選按 **Recipes, shopping list and meal plan** 範本。

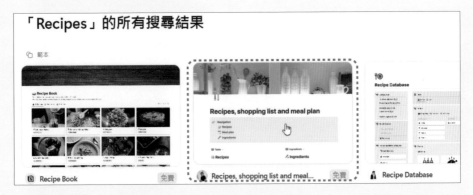

範本頁面中可以看到相關介紹與評價，選按 **預覽** 可以了解範本的全部內容，確認之後可以選按 **+ 新增** 將範本下載到目前的工作區。

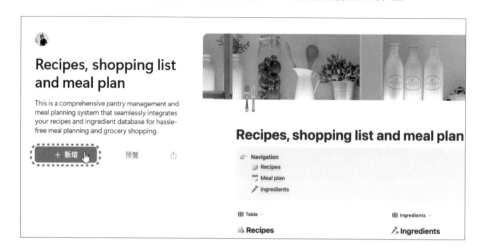

待新增完成後，選按側邊欄的範本名稱，即可使用並自訂頁面內容。

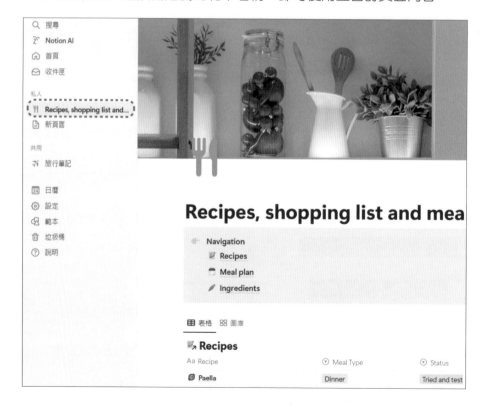

Tip 4 修改範本標題與結構 ⟨Do it !⟩

Notion 範本可依需求修改內容，包括自訂標題、圖示與刪除不需要的頁面，靈活調整架構能適配不同用途。

✦ 修改主頁面標題

選取頁面標題 "Recipes, shopping list and meal plan"，再輸入頁面標題。

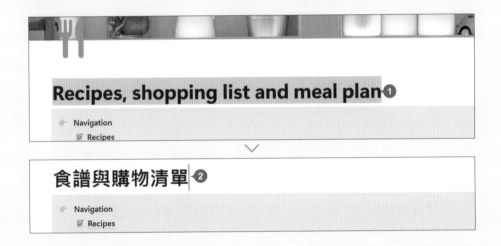

✦ 修改資料庫標題與圖示

step 01 選按 "Recipes" 開啟資料庫。

step 02 修改資料庫名稱：選取 "Recipes"，修改資料庫名稱為「食譜」。

step 03 修改資料庫圖示：選按資料庫名稱左側圖示，輸入關鍵字搜尋，再選按合適的表情符號或圖示即可變更。

step 04 如果不需要修改圖示，可於主頁面直接修改名稱，選按頁面左上角連結返回 "食譜與購物清單"，於 "Ingredients" 資料庫名稱右側選按 ⋯ > **編輯資料庫標題**，再輸入「食材」即可變更資料庫名稱。

step 05 依相同方法，修改 "Meal plan" 資料庫名稱為「餐點計畫」。

✦ 刪除資料庫內的資料

此範本中的資料庫已內建多筆資料，為方便後續調整與建立自己的資料，在此先刪除這些資料。

step 01 於主頁面選按 "食譜" 開啟資料庫，將滑鼠指標移到第一個屬性左側，按一下滑鼠左鍵即會全選所有資料筆數，再選按 🗑 刪除。

step 02 依相同方法刪除 "食材" 與 "餐點計畫" 資料庫中所有資料 (若資料筆數較多，無法一次刪除，可重複該方法多次，將資料完全刪除。)。

5 調整範本欄位屬性與自訂內容

編修範本內原有資料庫的屬性標題、增刪屬性項目,並修復資料庫關聯連結,整合資訊。

✦ 修改屬性標題、選項與檢視模式名稱

利用範本內的資料庫架構開始輸入資料。

step 01 於 "食譜" 資料庫選按 **+新頁面**,再輸入食譜的名稱「炒飯」,輸入完成後按一下 Enter 鍵。

```
🔍 食譜

田 表格   品 圖庫  +

Aa Recipe                    ⊙ Meal Type    ⊙ Status        Q Planned for
+ 新頁面 ❶
```

∨

```
田 表格   品 圖庫  +

Aa Recipe                    ⊙ Meal Type    ⊙ Status        Q Planned for       ↗ 🌶 Ingredient
炒飯 ❷
```

step 02 於 "炒飯" 項目右側選按 **打開** 開啟頁面。

```
🔍 食譜

田 表格   品 圖庫  +

Aa Recipe         以側邊預覽開啟  Meal Type    ⊙ Status        Q Planned for       ↗ 🌶 Ingredie
炒飯                    ▣ 打開
+ 新頁面
```

step 03 修改屬性名稱與調整選項：於右側開啟的頁面選按 "Meal Type" > **重新命名**，再更名為：「餐點時段」。

接著於 **選項** 選按 "Breakfast" 項目，更名為：「早餐」，按 Enter 鍵；依相同方法更改此屬性裡所有的選項名稱，完成後按一下後面頁面關閉窗格。

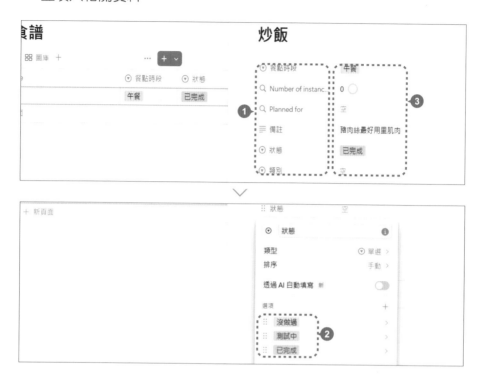

step 04 依相同方法，參考下圖修改其他屬性欄位名稱及 "狀態" 的選項內容，並填入相關資料。

step 05 於頁面下方空白處輸入食譜內容。(或開啟範例原始檔頁面，複製與貼上)

c　加入評論...

- 蛋2顆
- 蝦仁15隻
- 豬肉絲100g
- 蔥花2小支
- 白飯3碗
- 油2小匙
- 鹽、白胡椒粉各1小匙

準備作業：

1. 蝦仁洗淨，紙巾擦乾。
2. 將豬肉切絲。
3. 將蔥切成蔥花。
4. 2個雞蛋打散。
5. 冷凍白飯

作法：

取一個炒鍋，倒入油，熱油鍋，將蛋液炒到半熟撈起，再加入蝦仁與豬肉絲炒熟，放入蛋，放入冷凍白飯，拌炒到熟，

step 06 加上封面圖片：滑鼠指標移至頁面名稱上方，選按 **加入封面**，再選按 **變更封面 > Unsplash**，於搜尋欄位輸入「炒飯」，選按合適圖片即可變更 (也可選按 **上傳**，上傳自己拍攝的食譜照片。)。

step 07 完成後，左上角選按 ⟫ 關閉頁面。

step 08 依相同方法，分別為 "食材"、"餐點計畫" 資料庫修改為合適的屬性名稱及選項，並建立相關資料。

🥕 **食材**

⊞ 表格　⊞ 購物清單　+

Aa 名稱	⊙ 庫存狀態	⊙ 種類	⊙ 購買位置
低筋麵粉	還有	穀類	超市
八角	還有	調味品	超市

📅 **餐點計畫**

⊞ 表格　▢ Meal plan　+

Aa 餐點時間	⊙ 餐點類型	☑ 已完成	🗓 日期	↗ 🍲 食譜	+	...
晚餐		☐	2024年11月11日			
早餐		☐	2024年11月15日			

step 09 為後續修復 "食譜" 與 "食材" 資料庫的關聯關系，再此於 "食材" 資料庫選按 "食譜" 屬性欄名 > **刪除屬性**。

✦ 修復關聯並取用關聯資料庫資料

修復範本中資料庫關聯，並取用關聯資料，優化資料整合與管理。

step 01 於 "食譜" 資料庫選按 "食材" 屬性 > **編輯屬性**，選按 **雙向關聯** > **啟用**右側的 ◯ 呈 ◉ 即開啟關聯。

step
02

選按 "食材" 下方空格，就會顯示 "食材" 資料庫中所建立的項目，選按後即可新增該項目，可新增多項食材項目。

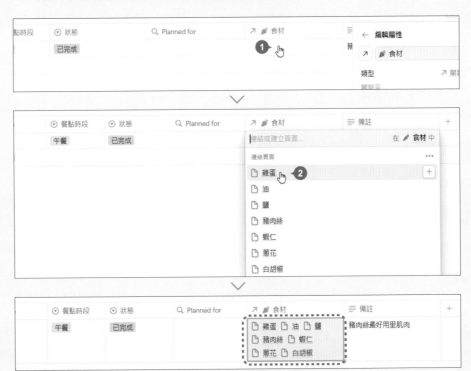

step 03 選按 "食材" 屬性下方要查看的食材項目，右側會出現專屬頁面，於該頁面中也會顯示關聯關係。

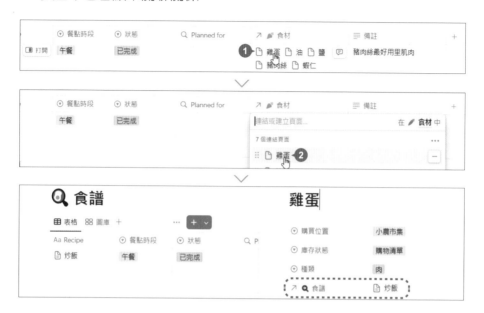

step 04 完成 "食譜" 與 "食材" 資料庫關聯的修複後，可參考完成作品建立多筆食譜資料。

step 05 接著於 "餐點計畫" 資料庫，"食譜" 屬性指定合適的食譜關聯項目填入，也可將 "日期" 屬性移至資料庫最左欄，方便資料依日期排序瀏覽。

佈置個人化主頁

依照使用習慣增加分隔線、調整資料庫與瀏覽模式,打造專屬個人風格的數位工作空間。

佈置個人化主頁

(Do it !)

依照使用習慣增加分隔線、調整資料庫與瀏覽模式,打造專屬個人風格的數位工作空間。

✦ 資料庫 "圖庫" 瀏覽模式優先顯示

於主頁面 "食譜" 資料庫,按住 **圖庫** 瀏覽模式,往左拖曳至 **表格** 瀏覽模式左側放開,如此一來會以 **圖庫** 瀏覽模式為優先顯示。

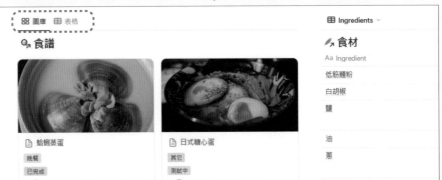

─ 小提示 ─

圖庫顯示的相片

圖庫 瀏覽模式預設會顯示的相片,就是頁面封面圖,如果想要變更封面圖,可以參考 P6-15 的設定。

✦ 新增分隔線與搬移資料庫

在資料庫與資料庫之間新增一個分隔線，並利用 **2 欄** 區塊樣式，將 "餐點計劃" 搬移至左側欄位佈置。

step 01 滑鼠指標移至 "食譜" 資料庫瀏覽模式標籤左側選按 ⊞ > **分隔線**，會在 "食譜" 資料庫下方插入一個分隔線。

step 02 滑鼠指標移至分隔線左側，按住 ⠿ 不放往下拖曳至 "餐點計畫" 資料庫上方出現藍色線條，再放開滑鼠左鍵，將分隔線搬移至此處。

step 03 滑鼠指標移至分隔線左側選按 ⊞ > **2 欄**，將區塊劃分為左右二欄。

step 04 滑鼠指標移至 **"餐點計畫"** 資料庫左側，按住 ⠿ 不放拖曳至上方 2 欄左側的位置出現藍色線條，再放開滑鼠左鍵，即完成資料庫搬移。

7 設計專屬 AI 食譜

Notion AI 的內容區塊可用於產生食譜，根據提示生成料理名稱、所需食材與步驟，可快速提供創意靈感。

✦ 建置相關資料

step 01 於主頁面 "餐點計畫" 資料庫，右欄的區塊輸入「食材：可樂」。

step 02 設定區塊顏色：滑鼠指標移至 "食材：可樂" 左側選按 ⋮⋮ > **顏色** > **藍色背景**。

✦ 新增與使用 AI 內容區塊

於食材區塊的下方增加 AI 區塊，依輸入的食材產生食譜。

step 01 滑鼠指標移至 "食材：可樂" 左側選按 ⊞ > **內容區塊**。

step 02 於 AI 區塊中輸入提示文字：「依照上方的食材產生三道菜的食譜，繁體中文說明，以表格的方式分別列出食材與詳細做法。」，再選按 **產生**，於 AI 區塊中就會依指定條件生成相關食譜。(若想重新生成可選按 **更新**)

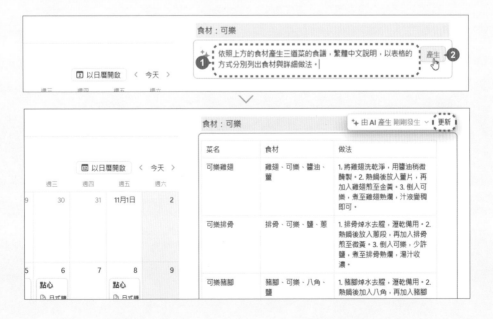

step 03　變更食材名稱重新生成：於食材區塊先變更食材名稱，選按下方 AI 區塊或於 AI 區塊內任一處按一下滑鼠左鍵，再選按 **更新** 即可依新的食材重新生成食譜。

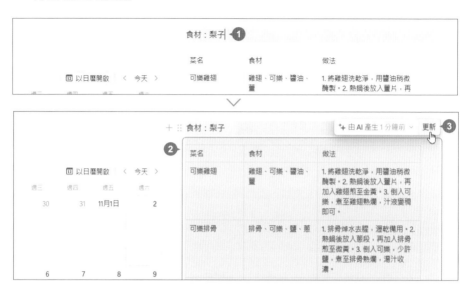

step 04　變更 AI 區塊的提示文字：選按 AI 區塊，再選按 **由 AI 產生**，於欄位中修改提示詞後，再選按 ⬆，即可生成新的食譜。

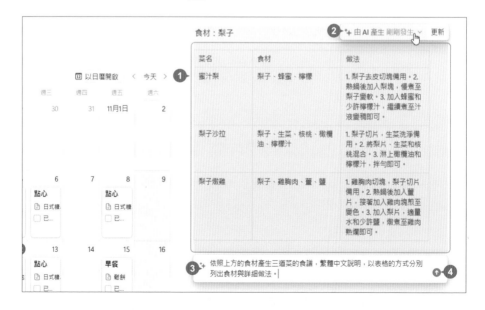

PART

07

個人化主頁
資料整合與 Notion 日曆

單元重點

將散亂的筆記、專案或資料庫...等有系統的整合在同一個頁面，可以快速切換與管理。

☑ 佈置主頁文字與圖片

☑ 加入天氣預報顯示氣象資訊

☑ 加入動態時鐘顯示日期和時間

☑ 建立頁面連結

☑ 反向連結，自動跳回來源主頁

☑ 連結多個資料庫於主頁面管理、應用

☑ 整合 Notion 資料庫與 Google 日曆

Notion 學習地圖 \ 各章學習資源

作品：Part 07 個人化主頁 - 資料整合與 Notion 日曆 \ 單元學習檔案

佈置主頁文字與圖片

Tip 1

Do it !

Notion 個人主頁就像網站首頁包羅萬象,你可以依照想要呈現的目的及使用習慣來佈置頁面內容。

✦ 確認目標與版面

個人主頁的內容不是有什麼、就放什麼!建議製作前先想好版面中要 "包含" 與 "不包含" 的,以及希望呈現的型態。

個人主頁一般會先依自己喜愛的主題風格,佈置封面圖片、圖示與命名,再加入標題,分類列項目前已於 Notion 建立的資料內容,部分頁面可設計成由連結進入,常用內容則可直接佈置於主頁;除此之外還可以加入一些設計元素,例如:圖片、標註、線段或創意元素,例如:天氣預報、日期與時間工具...等,並透過多欄式排版優化個人主頁的視覺呈現與動線安排。

✦ 新增頁面與命名

step 01 側邊欄 **私人** 右側選按 ⊞ **新增頁面**,選按 **新頁面** 輸入頁面名稱「個人化主頁」。

個人化主頁

寫一些東西,或按「空格」啟用 AI,按「/」輸入指令...

滑鼠指標移至側邊欄 **個人化主頁**，按滑鼠左鍵不放拖曳至頁面區的
第一順位擺放。

(頁面區中需有前面各單元練
習的作品頁面，以方便後續佈
置於主頁中，若無相關作品頁
面，可於學習地圖此章學習重
點：**單元學習檔案 \ 原始檔** 中
取得。)

✦ 圖示、封面與頁面調整

step 01

首先佈置頁面上方的圖示與封面圖。(可參考 P2-4~P2-5 操作)

step 02

頁面右上角選按 ⋯ > **全寬** 右側 ◯ 呈 ◯ (於空白處按一下取消清
單)，將頁面調整為寬版，方便後續設計為多欄式排版。

✦ 建立標註與標題

step 01

頁面名稱下方按一下滑鼠左鍵，輸入「/ca」，選按 **標註**，新增標註，
接著輸入一段名言或佳句並調整圖示。

⌄

step 02 標註區塊下方按一下滑鼠左鍵產生新的空白區塊，於新增區塊輸入「/h3」，選按 **標題 3**，接著輸入「今日待辦」。

step 03 依相同方法，輸入另外三個 **標題 3**，分別是「常用文件」、「收支管理」與「專案管理」。

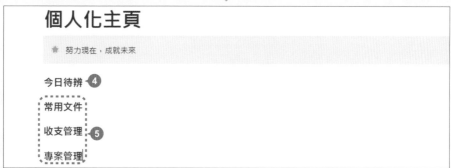

step 04 滑鼠指標移至 "今日待辦" 左側選按 ⠿ > **顏色** > **紅色背景**，為區塊套用背景顏色。

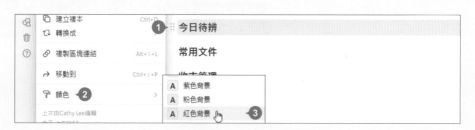

step
05
依相同方法，為另外三個標題 3，分別套用 **藍色背景、黃色背景、綠色背景** 背景顏色。

今日待辦
常用文件
收支管理
專案管理

✦ 插入圖片

step
01
滑鼠指標移至 "努力現在..." 左側選按 ⊞ > **圖片**，於 **Unsplash** 搜尋欄位輸入「work」關鍵字，選按合適圖片插入。

step
02
滑鼠指標移至圖片右側邊框呈 ⊩，拖曳可等比例調整圖片大小。

✦ 三欄式排版

step 01 滑鼠指標移至 "今日待辦" 左側，按住 ⊞ 不放拖曳至圖片最右側出現藍色線條，再放開滑鼠左鍵。

step 02 依相同方法，將 "常用文件" 拖曳至 "今日待辦" 最右側，佈置為三欄式排版。

✦ 建立待辦清單

step 01 輸入線移至 "今日待辦" 下方，輸入「/to」，選按 **待辦清單**，輸入第一筆待辦事項。

step 02 按 Enter 鍵，新增二筆待辦事項。

Tip 2 加入天氣預報顯示氣象資訊

想要豐富個人主頁卻又不會寫程式?透過 Indify 網站,可以快速加入天氣工具,顯示目前所在地與最多 7 天的天氣預報。

✦ 認識 Indify

Indify 是一個提供動態時鐘、天氣預報、倒數計時...等 Notion 版面工具的免費網站,先註冊帳號,依需求選擇使用 Indify 網站提供的九款工具,調整外觀與內容後,透過複製、貼上即可直接插入 Notion 頁面。

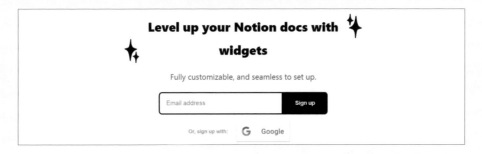

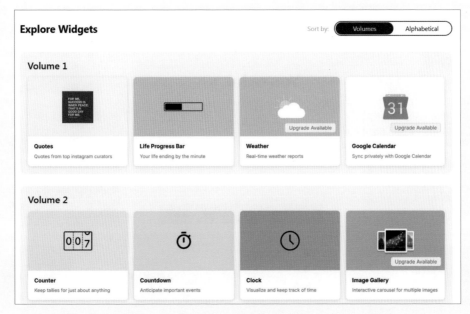

✦ 註冊 Indify

只要一組 Email 或 Google 帳號就可以註冊 Indify，十分簡單。

step 01 開啟瀏覽器，於網址列輸入「https://indify.co/」開啟 Indify 官網。畫面中可以輸入一組 Email，或透過 Google 帳號註冊 (選按 **Google**)。

step 02 註冊完成，在歡迎窗格右上角選按 ⌧ 關閉，依步驟選擇個人資料後選按 **Submit**，再選按是否接收該網站最新消息，就可以進入 Indify 網站首頁。

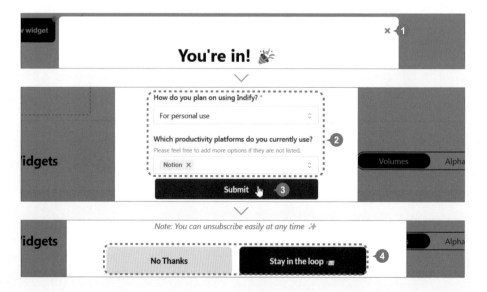

✦ 設定天氣工具

step 01 往下至 **Explore Widgets** 單元，滑鼠指標移至 **Weather** 縮圖上，選按 **Create widget**，為工具建立標題後 (也可以之後再輸入) 按 **Continue**。

進入設定畫面，左側可以調整工具外觀，右側則提供即時預覽。

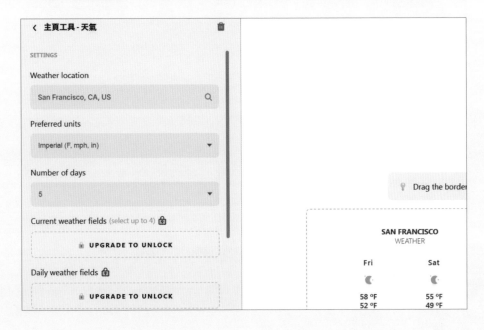

step 02 參考下方功能標示，設定天氣的所在位置、單位、欲顯示天數...等，其中 🔒 鎖匙圖示代表需付費升級才能解鎖的功能。

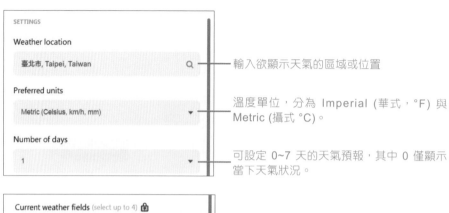

輸入欲顯示天氣的區域或位置

溫度單位，分為 Imperial (華式，°F) 與 Metric (攝式 °C)。

可設定 0~7 天的天氣預報，其中 0 僅顯示當下天氣狀況。

隱藏今天的天氣狀況

天氣圖示以動畫方式表現，但可能會佔用大量 CPU。

天氣圖示均顯示灰階

設定背景與文字顏色 (會直接取代下方淺色與深色模式設定)

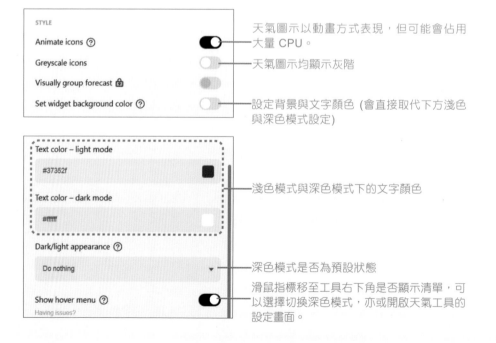

淺色模式與深色模式下的文字顏色

深色模式是否為預設狀態

滑鼠指標移至工具右下角是否顯示清單，可以選擇切換深色模式，亦或開啟天氣工具的設定畫面。

step 03 完成設定後，右側預覽畫面可以拖曳邊框調整物件大小，會以不同的圖、文配置方式呈現，最後選按 📋 複製連結。

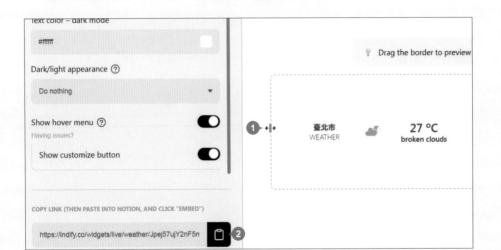

✦ 回到 Notion 貼上

step 01 回到 Notion 個人化主頁，滑鼠指標移至 "努力現在..." 左側選按 ⊞，按 Esc 鍵，輸入線移至空白區塊按 Ctrl + V 鍵貼上，清單選按 **嵌入**。

step
02
滑鼠指標移至天氣工具邊框上，可再次利用拖曳調整顯示的範圍與大小。

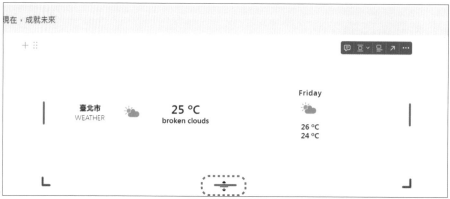

───── 小提示 ─────

編修 Indify 工具設定

如果欲回到 Indify 的 **Weather** 工具設定畫面，可以將滑鼠指標移至工具物件右下角，選按 **Customize**。(**Show hover menu** 設定需為開啟狀態)

加入動態時鐘顯示日期和時間

Do it！

除了天氣工具，Indify 網站還提供簡約造型的時鐘工具，讓你能隨時掌握所在地目前的時間和日期。

(若為首次使用請先進行註冊、登入；可參考 P7-10 說明)

✦ 設定時鐘工具

step 01 於 Indify 網站首頁，滑鼠指標移至 **Clock** 縮圖上，選按 **Create widget**，為工具建立標題後 (也可以之後再輸入) 按 **Continue**。

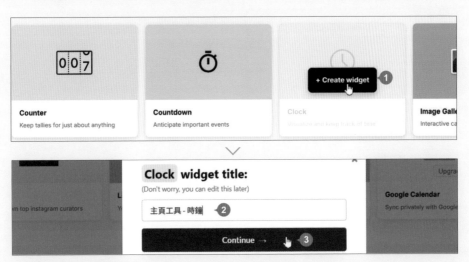

進入設定畫面，左側可以調整工具外觀，右側則提供即時預覽。

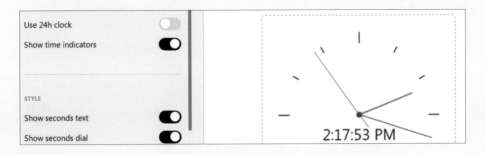

step 02 參考下方功能標示，設定時鐘的類型、時區、時間刻度、秒數...等。

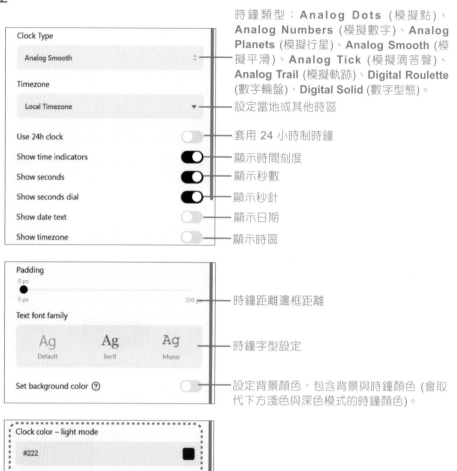

時鐘類型：**Analog Dots** (模擬點)、**Analog Numbers** (模擬數字)、**Analog Planets** (模擬行星)、**Analog Smooth** (模擬平滑)、**Analog Tick** (模擬滴答聲)、**Analog Trail** (模擬軌跡)、**Digital Roulette** (數字輪盤)、**Digital Solid** (數字型態)。

設定當地或其他時區

套用 24 小時制時鐘

顯示時間刻度

顯示秒數

顯示秒針

顯示日期

顯示時區

時鐘距離邊框距離

時鐘字型設定

設定背景顏色，包含背景與時鐘顏色 (會取代下方淺色與深色模式的時鐘顏色)。

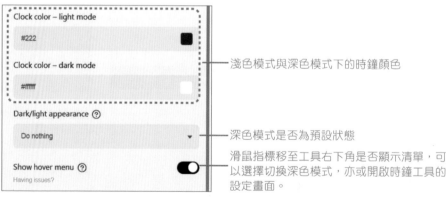

淺色模式與深色模式下的時鐘顏色

深色模式是否為預設狀態

滑鼠指標移至工具右下角是否顯示清單，可以選擇切換深色模式，亦或開啟時鐘工具的設定畫面。

step 03 完成設定後，右側預覽畫面可以拖曳邊框調整，最後選按 📋 複製連結。

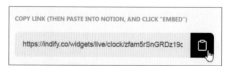

COPY LINK (THEN PASTE INTO NOTION, AND CLICK "EMBED")

https://indify.co/widgets/live/clock/zfam5rSnGRDz19c

✦ 回到 Notion 貼上

step 01　回到 Notion 個人化主頁，滑鼠指標移至天氣工具左側選按 ⊞，按 Esc 鍵，輸入線移至空白區塊按 Ctrl + V 鍵貼上，清單中選按 **嵌入**。

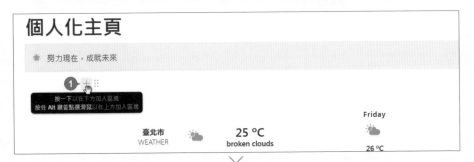

step 02 滑鼠指標移至時鐘工具左側，按住 ⠿ 不放拖曳至 "努力現在，..." 最右側出現藍色線條，再放開滑鼠左鍵，佈置為二欄排列。

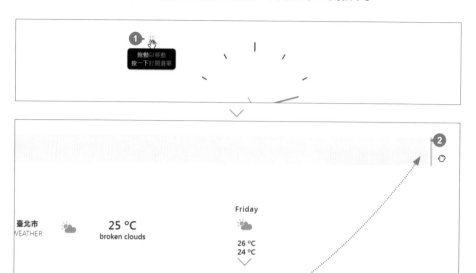

step 03 滑鼠指標移至天氣工具左側，按住 ⊞ 不放拖曳至 "努力現在，..." 下方出現藍色線條，再放開滑鼠左鍵，完成移動。

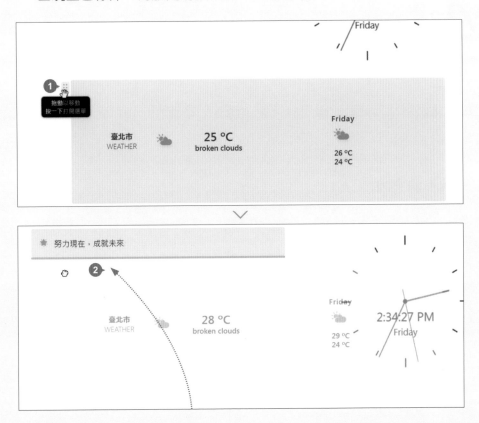

滑鼠指標最後移至天氣與時鐘工具中間會出現灰色線條，按住並往右拖曳，可拉寬左側欄位寬度。

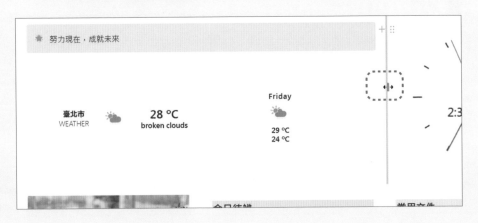

建立頁面連結

透過連結，可以將側邊欄原本分散的個別頁面整合在主頁，不僅符合快速使用的需求，操作流程也變得方便且統一。

常用的連結頁面方式有二種，除了藉由輸入指令建立，也可直接於側邊欄頁面複製連結並貼上。

✦ 輸入 @ 指令

輸入線移至 "常用文件" 下方，輸入「@」，再選按要連結的頁面名稱 (如「旅行筆記」)，清單中選按要連結的頁面即完成。

今日待辦	常用文件
☐ 銀行匯款	① @旅行筆記 ②
☐ 整理專案進度	連結到頁面
☐ 編輯會議	↗ 旅行筆記 ③
	↗ 旅行筆記
	人員
	🔊 邀請「旅行筆記」...

∨

今日待辦	常用文件
☐ 銀行匯款	↗ 旅行筆記|
☐ 整理專案進度	
☐ 編輯會議	

─ 小提示 ─

用 @ 連結其他物件

「@」符號除了可以連結頁面，還可以新增時間做為提醒；在團隊工作區中，可以新增人員名稱，通知協作者。

輸入其他指令

除了「@」，另外還可以輸入「[[」或「+」，再輸入要連結的頁面名稱 (如「[[旅行筆記」或 「+旅行筆記」)，都可以完成建立頁面連結的目的。

參考下圖，左側為輸入「[[」，右側為輸入「+」，二者差異僅在於 **連結到頁面** 相關頁面出現在清單上方或下方。

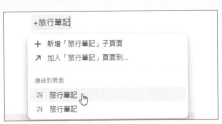

✦ 複製連結並貼上

step 01　滑鼠指標移至側邊欄欲複製連結的頁面名稱右側 (如：**閱讀書單主畫面**)，選按 ⋯ > **拷貝連結**。

step 02　輸入線移至 "旅行筆記" 下方，按 Ctrl + V 鍵貼上，清單中選按 **提及** 即完成。

5 反向連結，自動跳回來源主頁

Do it！

主頁中建立的連結頁面，Notion 會自動為其建立反向連結，不僅可以檢視頁面間的關聯性，還可以快速回到主頁。

step 01 選按已建立連結的頁面名稱 (操作可參考本章 Tip 4) 會開啟該頁面內容，頁面名稱上方可看到已自動建立了 **反向連結** 功能。

step 02 選按 **1 個反向連結**，會看到 **連結到此頁面** 列出所有連結到此頁面的清單，選按連結 (此範例選按 **個人化主頁**)，則會自動返回該頁面放置此連結的位置。

小提示

自訂反向連結的顯示狀態

自動產生的反向連結,可以設定隱藏或其他顯示狀態。

於產生反向連結頁面右上角選按 ⋯ > **自訂頁面**,於 **顯示反向連結** 右側呈 🔘 為開啟此功能並顯示反向連結,若呈 ⚪ 則為關閉此功能,則不會顯示反向連結。

連結多個資料庫於主頁面管理、應用

主頁可以利用 **資料庫已連結瀏覽模式** 功能連結資料庫，有效整合多個資料庫集中管理。

✦ 連結指定的資料庫瀏覽模式

step 01　滑鼠指標移至 "收支管理" 左側選按 ⊞，於新增的空白區塊輸入「/ linked」，選按 **資料庫已連結瀏覽模式**，右側窗格選擇欲連結的資料庫瀏覽模式 (此範例連結 "預算資料庫" > "明細記錄" 瀏覽模式)。

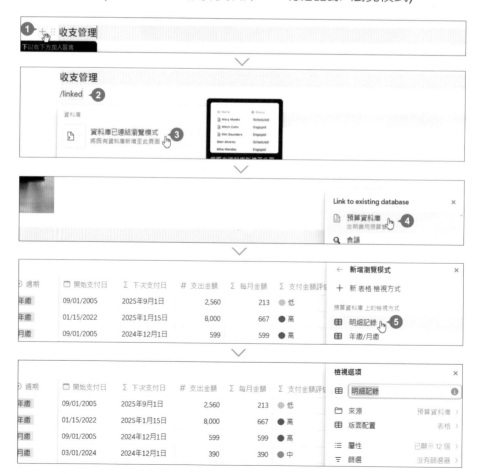

step 02

依相同方法，於 "專案管理" 下方建立欲連結的資料庫瀏覽模式 (此範例連結 "任務排程" > "詳細資料" 瀏覽模式)。

✦ 篩選有效資訊

連結資料庫為原始資料庫的副本，當主頁資料庫顯示的內容過於複雜，可以在此依需求篩選，僅顯示重點資訊。

step 01　以此範例 "預算資料庫" 資料庫示範，先篩選出週期為 "月繳" 的支出記錄。於資料庫右上角選按 ☰ > **週期**。

step 02　區塊上方會出現篩選項目，篩選條件："週期" 中有二個標籤，選按 **月繳** 即完成。

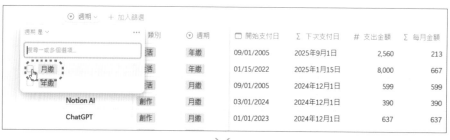

step 03 接著再篩選出 "大於 500 元" 的支出記錄。於 "週期: 月繳" 篩選項目右側，選按 **+ 加入篩選 > 每月金額**。

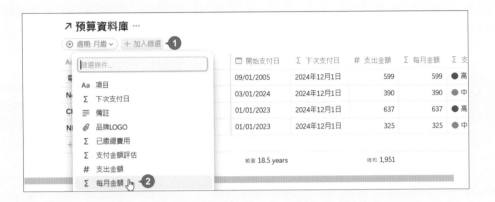

step 04 選按 **每月金額 =** 清單鈕，再選按 **>**，接著輸入金額即完成。

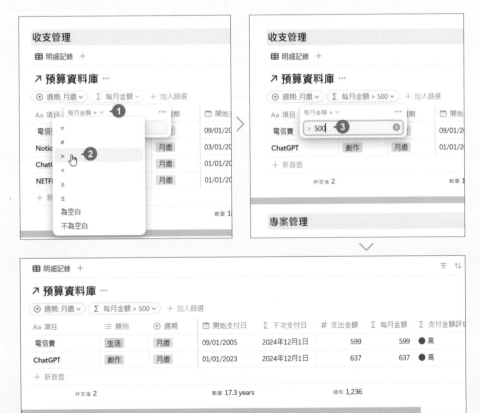

✦ 排版與美化

最後安排主頁中資料庫的版面配置，搭配圖片並調整欄位。此範例 "收支管理" 欲以二欄呈現，左側放置連結資料庫，右側則插入圖片美化。

step 01 滑鼠指標移至 "收支管理" 左側選按 ⊞ > **標題 3**。

step 02 滑鼠指標移至 **標題 3** 區塊左側，按住 ⠿ 不放拖曳至 "收支管理" 最右側出現藍色線條，再放開滑鼠左鍵，佈置為二欄排列。

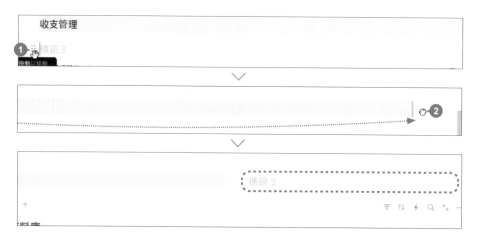

step 03 滑鼠指標移至 "明細記錄" 左側，按住 ⠿ 不放拖曳至 "收支管理" 下方出現左側欄的藍色線條，再放開滑鼠左鍵。

step 04 滑鼠指標移至 **標題 3** 區塊左側選按 ⊞ > **圖片**。

於 **Unsplash** 搜尋欄位輸入「accounting」關鍵字，選按合適圖片並插入，滑鼠指標移至圖片右側邊框呈 ∦，拖曳即可等比例調整圖片大小。

step 05

step 06

最後將滑鼠指標移至資料庫與圖片中間會出現灰色線條，按住往右拖曳可拉寬左側欄位寬度。

Tip 7

整合 Notion 日曆與 Google 日曆

將 Notion 日曆與 Google 日曆整合,可同步更新事件,雙向管理日程,適合多平台協作和追蹤規劃。

✦ 將資料庫轉為日曆瀏覽模式

將 Notion 資料庫轉為 **日曆** 或 **時程表** 瀏覽模式,可於 Notion 日曆中顯示相關活動事項。選按 "詳細資料" 瀏覽模式標籤 > **編輯瀏覽模式**,再選按 **版面配置** > **日曆**,就可以變更為 日曆 瀏覽模式。

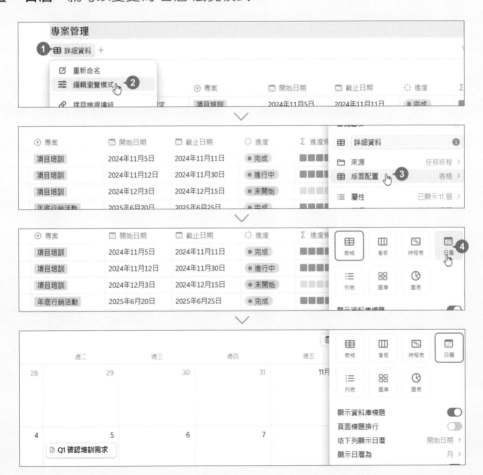

✦ 開啟 Notion 日曆並連結 Google 日曆

啟動 Notion 日曆的第一步,會詢問是否與 Google 帳號連結,完成授權後就會自動開啟 Notion 日曆並匯入 Google 日曆的行程。

step 01 滑鼠指標移至側邊欄選按 **日曆**,接著選按 **使用 Google 帳號登入 > 繼續查看 Google 權限**。

step 02 依步驟指示完成 Google 帳號的登入,再選按 **繼續**。

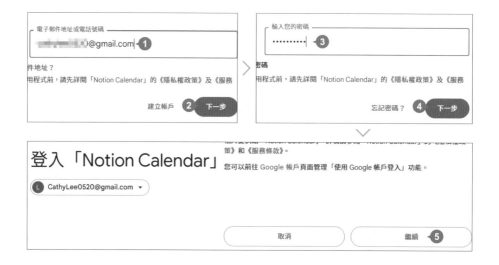

step
03

於要求存取的畫面查看詳細項目後，核選 **全選**，再選按 **繼續**。

step
04

完成後選按 **立即開始**，進入 Notion 日曆，即可看到指定連結的 Google 帳號中 Google 日曆所有已安排好的行程。

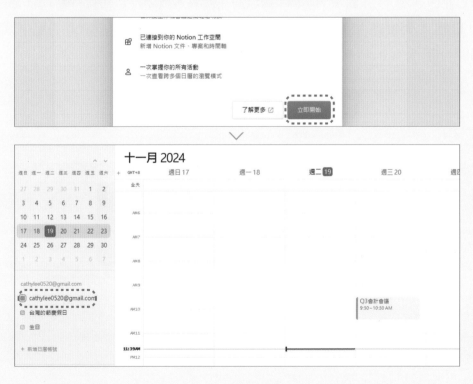

✦ 顯示已連結的 Google 日曆

開啟 Notion 日曆後，於側邊欄 Google 帳號下方可檢視已連結的 Google 日曆項目，若為未開啟檢視的狀態，將滑鼠指標移至日曆名稱右側選按 🚫 呈 👁，即可於 Notion 日曆中顯示該 Google 日曆。

✦ 新增 Notion 日曆列表中的資料庫項目

如果 Notion 日曆未自動顯示資料庫內有標註日期的項目，於側邊欄 Notion 帳號右側選按 ⋯ > ➕ **新增 Notion 資料庫**，接著選按要匯入的資料庫 (資料庫中有 **日曆** 或 **時程表** 瀏覽模式的才會顯示於清單中)，即可於 Notion 日曆中看到相關內容。

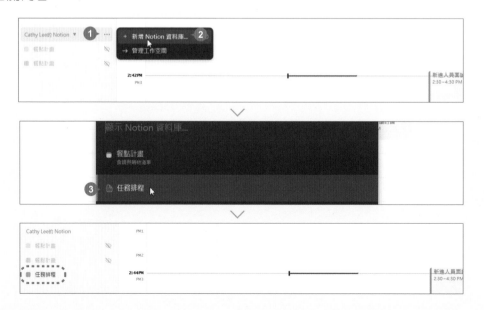

✦ 變更 Notion 日曆中資料庫顯示顏色

不同的資料庫顏色可以讓你更快速找到正確的項目。側邊欄選按要修改顯示顏色的資料庫名稱，於畫面右側選按預設的顏色，清單中再選按合適的顏色套用即可。

✦ 刪除或隱藏 Notion 日曆列表中的資料庫項目

如要刪除資料庫 (僅於日曆列表中刪除，不是刪除真實的資料庫)，側邊欄選按要刪除的資料庫名稱，再於畫面右上角選按 ⋯ > **移除列表中的日曆**，即可刪除該資料庫。如果只是要先隱藏該資料庫，只要於側邊欄資料庫名稱右側選按 ◉ 呈 ◈ 即可。

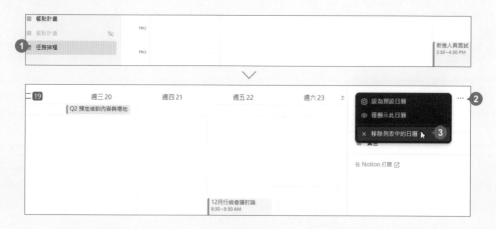

Notion 日曆可以連接多個 Google 帳號，側邊欄 Google 帳號下方選按 ⊞ **新增日曆帳號**，於 **設定** 畫面選按 **日曆**，在 **新增 Google 日曆帳號** 右側選按 **連接**，依步驟完成帳號登入及存取要求即可新增。

之後若是要移除 Google 帳號連接，於帳號右側選按 **解除連接** 即可。(主要帳號需先切換為其他帳號才能移除)

如果想切換主要帳號 (需先登入其他帳號才能切換)，於 **設定** 畫面選按 **個人檔案**，在 **登入 Notion 日曆的主要帳號** 清單中將主要帳號改為其他帳號，再選按 **更新** 即可。

PART

08

客服管理
團隊協作

單元重點

Notion 提升了團隊協作效率,讓跨時區、跨平台的共同編輯作業能完美地無縫接軌,團隊成員可取得最精準的同步資料與即時討論。

- ☑ 團隊共用頁面區與私人頁面區
- ☑ 變更團隊工作區圖示與名稱
- ☑ 邀請並管理團隊成員身分
- ☑ 允許同網域的成員加入團隊
- ☑ 變更團隊成員檢視或編輯權限
- ☑ 將訪客變更為成員

- ☑ 資料庫中新增 AI 自動填寫欄位
- ☑ 移除成員或訪客
- ☑ 團隊協作討論、註解、建議修改
- ☑ 查看工作區的更新與到訪記錄
- ☑ 鎖定頁面或資料庫
- ☑ 成員只能看到自己的專案事項

Notion 學習地圖 \ 各章學習資源

作品:Part 08 客服管理 - 團隊協作 \ 單元學習檔案

團隊協作區與私人頁面區

(Do it!)

進行團隊協作前必須建立一個團隊工作區,相關的建立方式可參考 P1-25 說明步驟。

當建立或加入團隊工作區協作時,與個人工作區不同的是側邊欄頁面區會分成 **私人** 與 **團隊協作區** 二區。

- **團隊協作區**:專為團隊協作而設置,所有在該區域建立的頁面和資料,預設為所有團隊成員共享,可進行項目管理、資料整理及協作編輯。

- **私人**:用來存放個人的頁面,這些頁面僅限帳號擁有者使用,不會被其他團隊成員看見。

團隊協作區　　私人頁面區　　協作時,頁面上會看到該作業成員的頭像。

團隊協作時,若你所負責的內容尚未完成,可以先存放在 **私人** 頁面區,避免其他成員不小心更動內容,待完稿後再複製或移動至 **團隊協作區** 頁面區,這樣可提高協作效率。(免費版團隊工作區有 1,000 個區塊限制,包含了 **團隊協作區** 與 **私人** 內所有區塊。)

Tip

2 變更團隊工作區圖示與名稱

Do it !

團隊工作區的圖示與名稱可以隨著協作項目來調整,讓成員切換工作區時更容易找到對應的團隊工作區。

step
01

進入團隊工作區,側邊欄選按 **設定** 開啟視窗,再選按 **設定**,於 **名稱** 欄位變更團隊工作區新名稱。

step
02

選按 **圖示** 縮圖,於 **表情符號** 標籤下方欄位輸入關鍵字搜尋,選按合適圖示即可變更 (也可於 **圖示** 或選按 **上傳** > **上傳圖片** 變更),最後下方選按 **更新**。

3 邀請並管理團隊成員角色

Do it！

邀請成員加入團隊後，可依每一位成員的工作性質調整編輯或
檢視權限，以提高工作效率。

✦ 邀請成員加入團隊

step 01 　側邊欄選按 **設定** 開啟視窗，再選按 **人員**，於 **新增成員的邀請連結** 項
目右側選按 **複製連結**。(此功能預設為開啟，如果沒有，可選按 **複製連**
結 右側 ⬤ 呈 ⬤。)

step 02 　藉由平常連繫的平台或以 Email 將邀請連結傳送給成員，請他們選按
並登入 Notion 帳號加入團隊，之後在 **成員** 名單中即會顯示已加入的
成員。

使用者	團隊協作區	分組	角色 ↓	
HappyLee @gmail.com	客服部門 ∨	無	工作空間擁有者 ∨	⋯
小聿 李 @gmail.com	客服部門 ∨	無	工作空間擁有者 ∨	⋯
團家 @gmail.com	客服部門 ∨	無	工作空間擁有者 ∨	⋯

✦ 變更成員角色

成員加入後，如果要變更角色，可於 **成員** 標籤，成員名稱右側選按 **成員** 或 **工作空間擁有者** 即可變更 (角色由 **工作空間擁有者** 切換為 **成員** 需為 Notion PLUS 版才能使用)。

允許同網域的成員加入團隊

Do it！

如果使用企業 Email 註冊並登入 Notion，只要將 Email 網域加入設定，即可讓同一個網域的同事也輕鬆加入團隊。

step 01 側邊欄選按 **設定** 開啟視窗，再選按 **設定**，**允許的電子郵件網域** 欄位輸入網域名稱，再按 Enter 鍵，於下方選按 **更新**。

step 02 日後當同網域的同事建立新工作區時，就會看到已建立好的團隊工作區名稱，選按 **加入** 即可加入。

5 變更團隊成員的頁面檢視或編輯權限 (Do it!)

團隊協作中,設定成員的頁面檢視或編輯權限,不僅能確保資料安全,也能依角色分工清晰管理。

✦ 設定所有成員於指定頁面的檢視或編輯權限

step 01　側邊欄 **團隊協作區**,選取任一頁面文件,頁面右上角選按 **分享**,於 **分享** 標籤 > **一般存取權限**,團隊工作區名稱右側選按 **全部權限**。

step 02　清單中可依協作需求設定該頁面各成員的權限,例如目前只需要成員檢視頁面內容,就選按 **可以查看**,如此一來僅角色為 **工作空間擁有者** 的使用者擁有完整權限,其他成員只能檢視。各權限差異可參考以下詳細說明:

- **全部權限**:完整權限,能編輯、分享頁面或註解。

- **可以編輯**:能編輯、建議並留言,但不能分享頁面 (此為 Notion PLUS 版才能使用)。

- **可以編輯內容**:能編輯,但無法編輯資料庫的瀏覽模式或架構 (此為 Notion PLUS 版才能使用)。

- **可以評論**:只能檢視及註解,無法編輯或分享。

- **可以查看**:只能檢視,無法編輯、分享或註解。

- **移除**:刪除此權限設定項目,工作空間擁有者可恢復。

✦ 設定特定成員於指定頁面的檢視或編輯權限

如果要調整特定成員於此頁面檢視與編輯權限,例如只能檢視與註解,可依以下方式操作。

step 01 頁面右上角選按 **分享**,將滑鼠指標移至 **邀請** 左側欄位,按一下滑鼠左鍵。

step 02 欄位中輸入欲變更權限的成員名稱或電子郵件,清單中於名稱右側選按 **全部權限 > 可以評論**。

step 03 最後於左上角選按 ← 回到 **分享** 標籤,即可看到指定權限。

Tip

6 將訪客變更為成員 (Do it！)

一開始藉由 **分享** 中 **邀請** 方式邀請進入頁面檢視或共同協作的非團隊成員，可依以下操作方式將該使用者加入團隊。

step 01
側邊欄選按 **設定** 開啟視窗，再選按 **人員 > 訪客** 標籤，即可在標籤中看到訪客名單。(藉由 **分享 > 邀請** 邀請訪客，可參考 P2-28 操作。)

菜 我的設定	只有具有邀請成員權限的人才能看到資訊，你也可以 生成新連結	
⌂ 我的通知		
→ 我的連接	成員 3　**訪客 1 2**	Q 輸入以搜尋
⊕ 語言與地區	☐ 使用者 ↑	存取權限
	☐ C　**Cathy Lee**　⸱⸱⸱@gmail.com	1頁 ˅
工作空間		
↑ 升級方案		
⚙ 設定		
▥ 團隊協作區		
⚇ **人員 1**		
▭ 網站		
☺ 表情符號		

step 02
訪客名稱最右側選按 ⋯ > **升級為 管理員** 將該訪客加入團隊管理員，再選按 **成員** 標籤，名單中就可以看到身分為 **工作空間擁有者** 的新成員了。(若為 Notion PLUS 版，可將其角色設定為 **成員**)

新增成員的邀請連結
只有具有邀請成員權限的人才能看到資訊，你也可以 生成新連結　　　　　　　　　複製連結 ●

成員 3　**訪客1** 分組		Q 輸入以搜尋	加入成員 ˅
☐ 使用者 ↑	存取權限		
☐ C　**Cathy Lee**　⸱⸱⸱@gmail.com	1頁 ˅		**⋯ 1**
			↑ **升級為 管理員 2**
			✋ 自工作空間移除

∨

成員 4 **3** 分組			Q 輸入以搜尋	加入成員 ˅
使用者	團隊協作區	分組	角色 ↓	
C **Cathy Lee** ⸱⸱⸱@gmail.com	客服部門 ˅	無	工作空間擁有者 ˅	⋯
🙂 **HappyLee** ⸱⸱⸱@gmail.com	客服部門 ˅	無	工作空間擁有者 ˅	⋯
小 **小畫 李** ⸱⸱⸱@gmail.com	客服部門 ˅	無	工作空間擁有者 ˅	⋯

■ 8-10

Tip 7 移除成員或訪客

Do it!

當成員或訪客要離開團隊協作時，可在 **成員** 或 **訪客** 標籤的名單將成員或訪客移除。

step 01 側邊欄選按 **設定** 開啟視窗，再選按 **人員** > **成員** 標籤。(訪客則是選按 **訪客** 標籤)

step 02 欲移除的成員名稱右側選按 **⋯** > **自工作空間移除**，接著核選移除的理由後，按 **繼續**，再選按 **移除 (使用者名稱)**。(如果要移除訪客，只要於 **訪客** 標籤操作即可。)

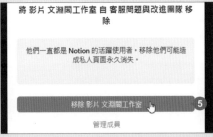

Tip 8 用 AI 提升團隊效率 （Do it！）

藉由 AI 技術，為團隊協作中的資料庫設計自動填寫欄位，提供摘要和建議，有效提升工作效率，減少手動處理時間。

✦ 資料庫中新增 AI 自動填寫欄位

step 01　開始操作前，首先參考 P3~P4 的說明，開啟 "學習地圖" 網頁，進入本章 **單元學習檔案** 頁面，將原始檔中的客服管理頁面以建立複本的方式複製回個人帳號。

step 02　於資料庫最右側選按 ⊞ > **透過 AI 填寫** 新增一個屬性。

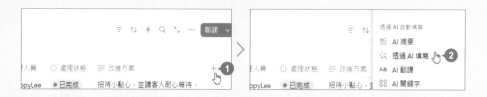

step 03　於 **要求 AI 撰寫** 欄位輸入欲生成內容的問題：「依 "問題內容" 欄位的問題，給予適當的處理建議。」，再選按 **儲存**，完成後於右上角選按 ⊠ 關閉窗格。

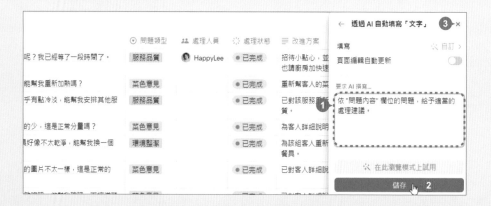

step 04　接著往左拖曳 AI 屬性欄位至 "改進方案" 前方，於屬性名稱上按一下滑鼠左鍵，輸入新的名稱，按 Enter 鍵。

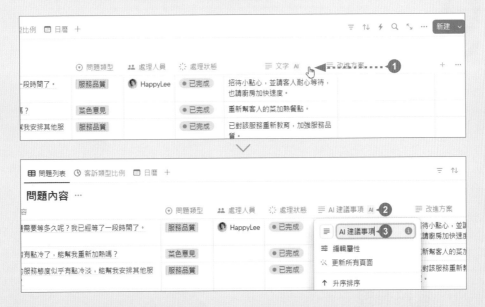

✦ 用 AI 生成建議事項文字

將滑鼠指標移至 "AI 建議事項" 下方的空格，按一下滑鼠左鍵出現 AI 對話欄位，於右上角選按 **更新**，即會根據所設定欄位問題生成建議事項文字。

團隊協作討論、註解 Do it！

"註解" 方便團隊成員彼此留下訊息、想法，或對討論結果標註說明、回覆。

✦ 新增頁面註解

step 01　頁面名稱上方選按 **加入評論**，接著於欄位上按一下滑鼠左鍵產生輸入線，輸入文字後，按 Enter 鍵 (或選按右側 ⬆)。

step 02　團隊成員會在頁面上方看到註解，再依相同方法輸入文字回覆即可。

step 03 如果要為一般文字內容加上註解，滑鼠指標移至文字左側選按 ⠿ > **評論**，即可為這段文字加入註解。(也可以只選取要加標註的文字，再於上方工具列選按 **評論**。)

✦ 在資料庫新增註解

step 01 滑鼠指標移至資料庫 "問題內容" 項目右側，選按 **打開** 開啟頁面，在下方 **加入評論** 輸入文字，完成後按 Enter 鍵 (或選按右側 ⬆)。

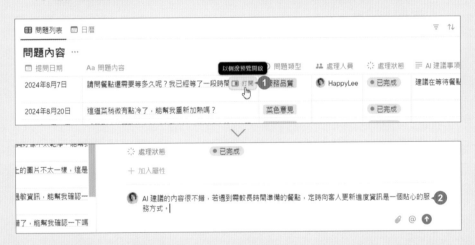

step 02 完成註解後，團隊成員會在該 "問題內容" 項目內看到 💬，選按 **打開** 開啟頁面，再依相同方法回覆註解。

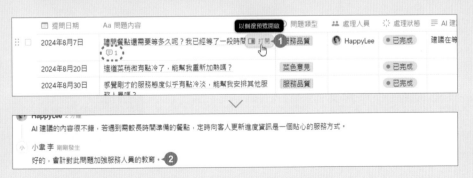

已發表的註解如果要重新編輯，只要將滑鼠指標移至該註解右側，選按 ⋯ > **編輯評輪**，再重新輸入修訂的文字，完成後按 [Enter] 鍵即可 (或選按右側 ✅)。(只能編輯自己發表的註解，無法編輯其他成員的註解。)

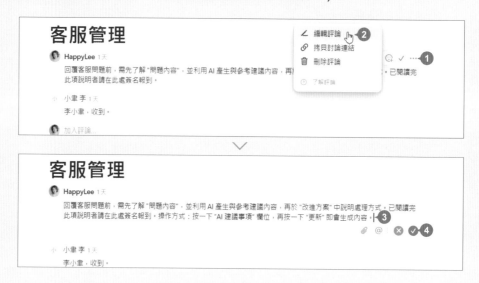

要刪除已發表的註解，只要將滑鼠指標移至該註解右側，選按 ⋯ > **刪除評論**，再選按 **刪除** 即可。

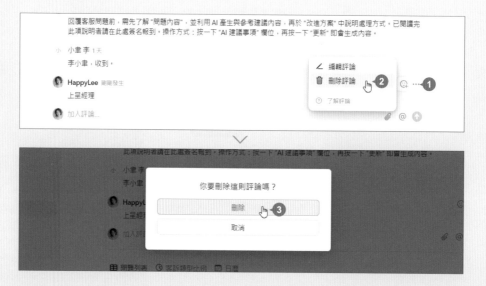

如果註解的問題解決後，只要將滑鼠指標移至該註解右側，選按 ☑，就會移至已解決項目中，頁面右上角選按 ☐ > ☰ > **已解決**，即可檢視所有已解決的註解。

✦ 標註成員及時間

註解標註成員：可先輸入「@」，再輸入成員名稱，清單選按欲提及的成員，這樣對方就會收到通知。註解加入日期提示：可先輸入「@」，清單中先選按 **今天**，再選按 **今天**，日曆中設定正確的日期 (若要顯示時間則可選按 **包含時間** 右側 ◯ 呈 ◉)，完成後於頁面任一空白處按一下滑鼠左鍵即可。

Tip 10 團隊協作建議修改 Do it !

建議修改 類似追蹤修訂的功能,可以對頁面內容提出變更建議,讓擁有者可以選擇接受或拒絕修訂。

✦ 開啟或關閉建議修改功能

要開啟 **建議修改** 功能有以下二種方式:先選取欲修改訂的文字後,於上方工具列選按 ☑。

或是於畫面右上角選按 ⋯ > **建議修改** 即可進入 **建議修改** 模式,開啟後畫面右上角會顯示 ☑ 建議 ✕ 。

完成建議修改的內容後,只要於畫面右上角選按 ☑ 建議 ✕ 即可關閉功能回到原本的編輯模式。

小提示

"評論" 與 "建議修改" 的差異?

建議修改 在校閱內容後,經接受即可直接套用修訂該內容;而 **評論** 只能針對內容提出想法與意見,不對內容做實質上的校閱修訂。

✦ 輸入建議修改的文字

進入 **建議修改** 模式後,即可開始修訂。灰色有刪除線為原本的文字內容但建議刪除,而藍色則為建議修改的文字內容,修訂完成再於右上角選按 ☑ 建議 ✕ 即可回到正常的編輯模式。

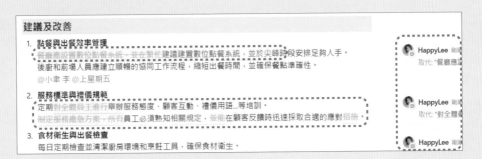

之後該文章的擁有者,將滑鼠指標移至右側選按 ☑ 接受該修訂的內容 (原文字內容即刪除或套用修訂文字),或是選按 ✕ 拒絕修訂,則會保留本原的內容。

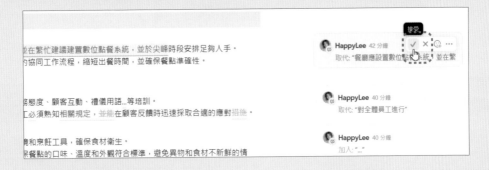

─ 小提示 ─

建議修改時會影響其他人協作嗎?

只有當下開啟 **建議修改** 功能的使用者會進入該模式,所以並不會影響其他團隊成員同時進行協作編輯。

為什麼不能插入圖片或是修改資料庫內的資料?

目前 **建議修改** 只能對文字、待辦清單、標題、項目符號...等內容進行文字修訂。

Tip 11 查看工作區的更新及到訪記錄 Do it !

隨時掌握工作區的通知或更新記錄，團隊協作才能清楚了解每個項目的修訂，也可以追蹤成員們的到訪狀態。

✦ 查看通知

當團隊成員在工作區中有任何更新，其他人都可在側邊欄 **收件匣** 收到通知，選按就可以開啟該頁面查看。

選按 ⊟，清單中選按合適的篩選條件，即可顯示篩選過後的通知訊息；而選按 ⋯，清單中則可將所有通知標示已讀，或是封存通知訊息。

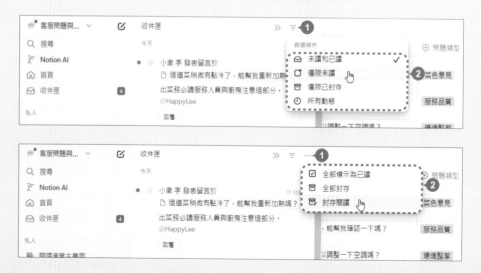

✦ 查看頁面編輯記錄

頁面右上角選按 ⋯ > ⌚ **更新和分析**，選按 **更新** 標籤可以看到該頁面從建立至今的所有編輯記錄。

✦ 查看成員瀏覽記錄

團隊協作就是集合大家的力量共同完成一項作業，如果想知道成員的參與度，可透過以下方式了解。將滑鼠指標移至頁面右上角成員的頭像上，即會顯示該成員最後一次查看頁面的時間 (成員頭像如果呈淡化狀，表示該成員目前並未上線，反之則表示目前正開啟此頁面。)，或是於頁面右上角選按 ⋯ > ⌚ **更新和分析**，選按 **分析** 標籤也可以讓管理員掌握成員們的動態。

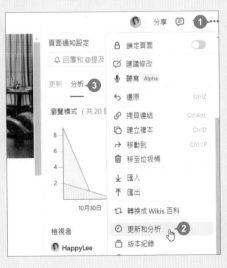

12 鎖定頁面或資料庫

團隊協作時最怕有成員將已編輯完成的頁面或資料庫內容隨意變更而影響進度，建議可在完成後先鎖定頁面或資料庫。

✦ 鎖定頁面

對於非資料庫的內容，如一般文字檔、筆記...等，可使用以下操作方式鎖定：

step 01 開啟欲鎖定的頁面，頁面右上角選按 ⋯ > **鎖定頁面** 右側 ◯ 呈 ◉ 即可鎖定。

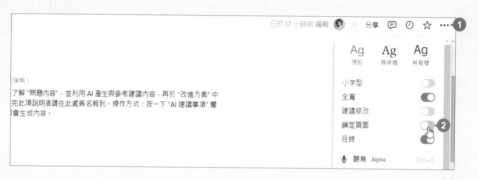

step 02 鎖定的頁面上方會顯示 🔒 **已鎖定**，之後所有成員 (包括你)，想再重新編輯此頁面，只要於頁面上方選按 🔒 **已鎖定** 呈 🔓 **重新鎖定** 可暫時關閉鎖定功能，要回復鎖定功能則再選按 🔓 **重新鎖定** 即可。

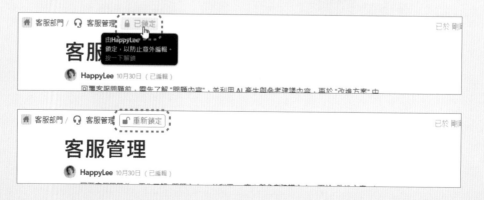

✦ 鎖定資料庫

資料庫可使用以下操作方式鎖定：

開啟欲鎖定的資料庫，資料庫右側選按 ⋯ > **鎖定資料庫** 即可鎖定，資料庫右側會顯示 🔒 **已鎖定** 表示鎖定中。(選按 **已鎖定** 可暫時關閉鎖定功能，要回復鎖定功能則再選按 **重新鎖定** 即可。)

資料庫鎖定後，所有成員 (包括你)，還是能新增、刪除或編輯資料庫資料，但相關資料庫名稱、屬性名稱、屬性類型、瀏覽模式、選項清單...等則無法編輯。

─ 小提示 ─

誰可以關閉鎖定頁面或資料庫？

不論是一般頁面或資料庫的鎖定，只要是團隊成員並且角色為 **工作空間擁有者** 都可以關閉鎖定。**鎖定頁面**、**鎖定資料庫** 的主要目的只是多一層保護，讓成員在協作時更加謹慎。

Ⓝ 提升篇

08 團隊協作

Tip 13 限定成員只能看到自己的專案事項 （Do it！）

團隊工作可以藉由篩選條件讓每一位成員都專注在自己負責的專案項目，以提升團隊協作效率，也可以降低錯改頁面的機率。

協作資料庫中可建立一個資料屬性 (欄位) 並指定類型為 **人員**，這樣一來可填入團隊成員名稱，請依下列操作方式完成限定篩選：

step 01 資料庫右上角選按 ☰ 清單中選按篩選項目 (範例中選按 "處理人員")，開啟篩選設定。

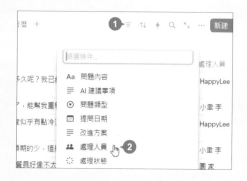

step 02 指定篩選條件為：**處理人員：包含、我** (指自己，是一個動態值，會依目前登入的帳號而改變)，完成後選按 **為所有人儲存** 儲存目前設定，最後再選按 ☰ 將篩選項目收起來，之後成員登入就只能看見屬於自己負責的專案項目。

後續如要新增篩選條件時，選按 ☰ 會先顯示之前已先篩選的項目，此時可選按 ⊞ **加入篩選** 即可；除了 **包含** 項目，還可以選擇 **不包含**、**為空白** (未指定成員)、**不為空白** (已指定成員)。

PART

09

健康與運動規劃
行動裝置應用

單元重點

Notion 行動版讓你成為時間管理大師，輕鬆記錄捕捉到的內容，有效率的執行應辦事情，讓你有明確的目標來規劃所有排程。

☑ 安裝 Notion App 並登入帳號

☑ 認識 Notion App 介面

☑ 新增頁面或使用範本

☑ 為頁面加上封面與圖示

☑ 頁面基礎編輯

☑ 移動區塊

☑ 變更頁面字型

☑ 分享頁面與權限設定

☑ 將頁面加到我的最愛

☑ 將喜歡的頁面取回使用

☑ 管理工作區

☑ 搜尋筆記內容

☑ 建立 Notion 頁面捷徑

Notion 學習地圖 \ 各章學習資源

作品：Part 09 健康與運動規劃 - 行動裝置應用 \ 單元學習檔案

安裝 Notion App 並登入帳號

Tip 1 (Do it！)

Notion 在 Android 與 iOS 系統都有提供 App 的下載與安裝，讓跨平台作業無障礙。

於手機或行動裝置搜尋並安裝 Notion App，完成後於桌面執行並登入 Notion 帳號即可使用。

Play 商店 (Android)

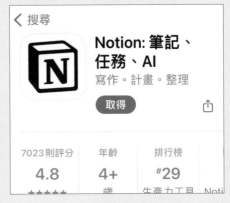

App Store (iOS)

可使用手機或行動裝置直接掃描以下 QR Code 進入安裝頁面：

Android

iOS

登入方式可參考 P1-13 操作說明。

認識 Notion App 介面

Do it！

透過下圖說明行動版 Notion 頁面各項功能位置，讓你在操作過程中能夠更加得心應手。

開啟 App 登入後，先點選 **繼續** 略過基本介紹，接著會先進入首頁。點選帳號工作區名稱有切換帳號、工作區...等功能；點選下方瀏覽記錄或頁面區頁面名稱，可進入該頁面編輯區。由於行動裝置 Android／iOS 系統介面相似，本章僅以 Android 系統畫面說明，iOS 系統若有不同會以括號加註。

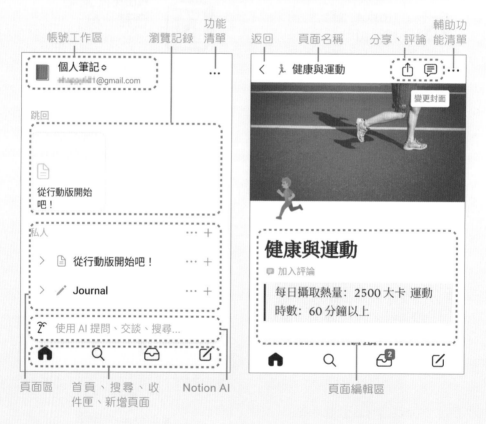

進入頁面編輯區後，右上角點選 ⋯，清單中提供調整頁面字體大小、版面寬度、自訂頁面或是鎖定頁面...等功能 (與網頁版操作大同小異)；行動版沒有太多的進階設定，只能使用網頁版 Notion 來設定。

3 頁面建立的方式

Tip

Do it !

行動版 Notion 簡單好操作,可快速新增頁面或範本,達到快速建立與使用目的。

✦ 新增頁面

頁面右下角點選 ☑ 新增空白頁面,點選 **新頁面** 輸入文字後,即成為該頁面名稱。

✦ 使用範本

頁面右下角點選 ☑,於中間點選 **範本** (或 **更多選項**) 開啟範本清單,點選開啟欲使用的範本後,於頁面右上角點選 **使用範本**,或左上角點選 ☒ 重新點選其他範本,再根據使用需求修改範本內容即可。

4 為頁面加上封面與圖示

Do it！

封面圖片與圖示設定方式與網頁版大同小異，除了可以套用預設的圖片與圖示外，也可以上傳行動裝置拍攝的圖片。

step 01 頁面名稱上方點選 **加入封面** (若沒有看到可將螢幕往下滑)，會產生隨機圖片，如果不合適可以點選 **變更封面**。

step 02 可以點選 **圖庫** 圖片，也可以點選 **上傳** 上傳行動裝置圖片，或於 **Unsplash** 搜尋合適圖片。(在此示範由 **Unsplash** 搜尋圖片使用)

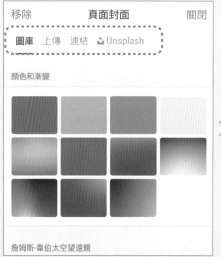

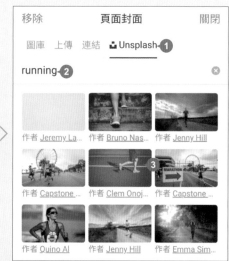

step 03 頁面名稱上方點選 **加入圖示** 開啟 **頁頁圖標** 畫面。

 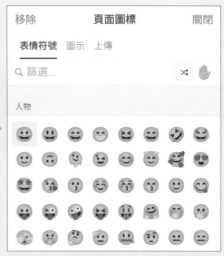

step 04 於 **表情符號** 清單點選合適圖示即可變更，或在 **篩選** 欄位輸入關鍵字搜尋並點選欲使用圖示。(還可以點選 **上傳** > **上傳圖片** 上傳行動裝置中的圖片)

頁面基礎編輯

Do it !

從建立空白頁面開始,透過 **功能列** 完成輸入文字、插入圖片,或套用文字樣式...等操作,成功建立一份 Notion 筆記文件。

✦ 套用區塊樣式

step 01 在頁面點一下出現輸入線,於功能列點選 ⊞,清單中點選欲使用的樣式。(此範例點選 **文字** 樣式)

step 02 接著輸入文字,過程中可點選虛擬鍵盤的換行鍵。

✦ 轉換區塊樣式

step 01 在要轉換樣式的區塊中點一下，於功能列點選 ↻ ，清單中點選欲使用的區塊樣式。(此範例點選 **引用** 樣式)

step 02 即可將區塊轉換成 **引用** 樣式，再依相同方式，將日期轉換為 **標題 2** 的標題樣式；運動時間的文字轉換為 **待辦清單** 樣式。

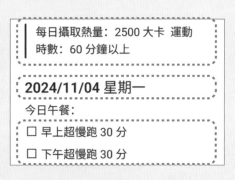

✦ 插入圖片

step 01 點一下文字最下方的空白處，於功能列點選 🖾 > **媒體** (或 **照片圖庫**)。(依各 Android 廠商不同，**媒體** 名稱會有所不同，例如：**相簿**。)

step
02 點選相片或相簿中欲使用的圖片，再點選 **新增** (iOS 點選畫面右上角 **加入**)，即可將該圖片插入。(如果要刪除圖片，可點選圖片右上角 ⋯ > 刪除)

✦ 套用文字樣式

step
01 點選欲套用文字樣式的文字，於功能列點選 Aa > A (或 字)。

step
02 清單中再點選欲套用的文字背景顏色。(此範例點選 **粉色背景** 樣式)

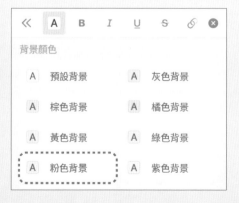

step 03 依相同方式，點選欲套用文字樣式的文字，完成文字背景顏色的套用。(此範例點選 **藍色背景** 樣式)

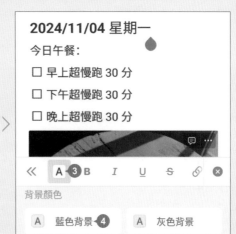

step 04 接著欲套用文字樣式的文字，於功能列點選 A (或 字)，清單中再點選欲套用的文字顏色套用。(此範例點選 **紅色文字** 樣式)

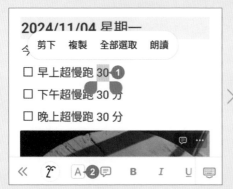

step 05 再點選 B 套用粗體，最後點選 « 回到上一層功能列，再依相同方式，完成其他數字的文字樣式套用。

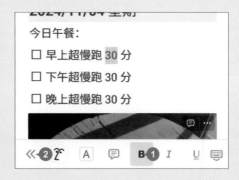

在要刪除的區塊中點一下，將功能列向左滑動，再點選 🗑，即可刪除該區塊。

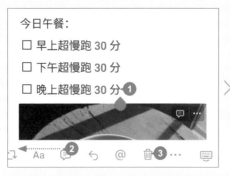 

如果想取消上一個操作，將功能列向左滑動，再點選 ↻ 即可復原上一個動作。

━ 小提示 ━

取得更多功能

如果想使用 **建立複本**、**移動到**...等功能，可將功能列向左滑動，點選 ⋯ 即可取得更多項目。

Tip 6 移動區塊

Do it!

移動區塊時，行動裝置與電腦版的操作略有不同，以下將說明二種區塊移動的方式。

利用功能列：在要移動的區塊中點一下，將功能列向左滑動，再點選 ⬇，即可將該區塊向下移動。(點選 ⬆ 則會向上移動)

手指拖曳：先點選鍵盤圖示隱藏虛擬鍵盤，在要移動的區塊上使用手指點住不放呈區塊浮起狀 (如左下圖)，再拖曳至欲擺放的位置，放開手指即可。

變更頁面字型

Tip 7

Do it !

變更頁面字型的方式，行動裝置與電腦版無異，只是無法對文字設定大小。

step 01 頁面右上角點選 ⋯，有三種字型可以依需求選擇，此範例點選 **襯線體** 樣式，再點選 **完成**。

step 02 回到頁面中，即可看到設定的字型樣式。

Tip 8 分享頁面與權限設定

Do it！

分享頁面的方式，除了可以傳送連結，還可以指定帳號，再依需求設定不同的編輯或檢視權限。

✦ 分享頁面連結

step 01 頁面右上角點選 🔼，再點選 **發布 > 發布**。

step 02 網址右側點選 🔗 複製，再點選 **完成**，即可將網址傳送給要分享的對象。(之後若是要取消分享，可點選 **取消發布** 即可。)

✦ 分享頁面給指定帳號

step 01 頁面右上角點選 ⬆️，再點選 **分享** > 如圖欄位。(若是團隊工作區則為 **權限**)

step 02 輸入帳號 email，於下方點選該帳號，再點 **全部權限** 項目。(相關權限可參考 P2-28 說明)

step 03 點選欲設定的權限後，頁面右上角點選 **邀請**，該帳號即可進入此頁面編輯、評論或檢視。(**可以編輯** 為付費版本才可使用)

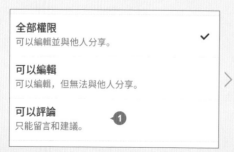

Tip 9 將頁面加到 "最愛"

Do it !

"最愛" 清單中，可以快速查找頁面或編輯，能隨時掌握頁面的更新狀態，提高工作效率。

step 01 頁面右上角點選 ⋯ > **新增至最愛**，可將此頁面加至 "最愛"。

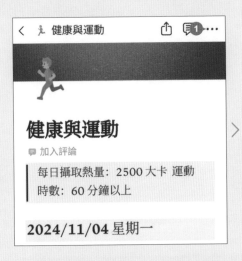

step 02 頁面左上角點選 〈 回到首頁，可以看到剛剛加入的頁面顯示在 **最愛** 下方。(點選 ⋯ > **從最愛中移除** 可以取消)

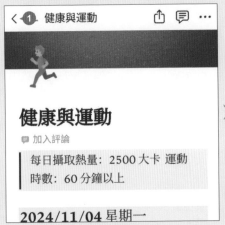
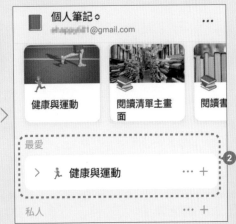

10 救回誤刪的頁面

Do it !

意外總是來得快，萬一不小心把不該刪除的頁面刪掉了，這時可以從 **垃圾桶** 中將檔案救回來。

step 01　首頁右上角點選 ⋯ 開啟側邊欄，滑到下方點選 **最近刪除** (或 **垃圾桶**)。

step 02　在欲救回的頁面名稱右側點選 ↶，開啟該頁面後 (iOS 會立即還原頁面)，Android 需在頁面上方點選 **還原頁面** 即可將該頁面直接還原至頁面工作區。

Tip 11 將喜歡的 Notion 頁面取回使用 (Do it！)

他人分享或自己喜歡的 Notion 頁面，無法開啟直接使用，必須透過 **複製** 的方式，才可以複製到自己的工作區編輯。

step 01 利用瀏覽器 (建議使用 Chrome 或 Safari) 開啟欲取用的頁面，頁面右上角點選 ☰ > **複製**。

step 02 開啟 Notion App (過程中如需登入，請依步驟完成)；接著在 **選擇工作空間** 畫面點選欲使用的工作區名稱，在首頁即可看到已複製完成的頁面。

12 管理工作區

Tip

Notion 工作區的切換與建立，除了可以透過網頁版操作，還可以搭配行動裝置，隨時隨地有效率的管理。

✦ 切換工作區

頁面左上角點選 ⟨ 回到首頁，點選 **(工作區名稱)**，於 **帳號** 畫面點選欲切換的工作區名稱。

✦ 建立工作區

回到首頁，點選 **(工作區名稱)**，於 **帳號** 畫面點選帳號右側 ⋯，再於下方點選 **加入或建立工作空間** 即可建立工作區。

PART

10

產品訂購單
線上表單與自動化作業

單元重點

利用 Notion 表單功能快速收集訂單，搭配自動化作業實現通知傳送與進度更新，有效簡化訂單管理流程。

- ☑ 建立表單
- ☑ 自訂表單問題與類型
- ☑ 調整為 "必填" 的問題
- ☑ 設定分享權限與預覽
- ☑ 分享表單與填表人填寫、提交
- ☑ 調整表單的回應資料
- ☑ 關閉表單問題名稱與屬性名稱同步
- ☑ 加入公式計算
- ☑ 自訂資料庫頁面佈局
- ☑ 收到訂單：自動傳送通知給特定人員
- ☑ 收到訂單：自動發送電子郵件通知填表人
- ☑ 開始進行訂單：自動標註開始日期
- ☑ 完成訂單：自動標註完成日期並計算進完成天數

Notion 學習地圖 \ 各章學習資源

作品：Part 10 產品訂購單 - 線上表單與自動化作業 \ 單元學習檔案

資料庫表單：簡化資料輸入高效工具 (Do it！)

Tip **1**

資料庫的 "表單" 瀏覽模式，方便填表人透過直觀的表單提交資料，
適合蒐集意見、回饋與協作。

透過拖放欄位即可輕鬆自訂表單結構，特別適合與外部協作或大量資料新增的
情境；表單提交後自動同步至資料庫，有效提升數據管理效率並降低錯誤。

✦ 建立表單

step 01 側邊欄 **私人** (或 **團隊**) 右側選按 ⊞ 新增頁面，接著選按 **表單**。

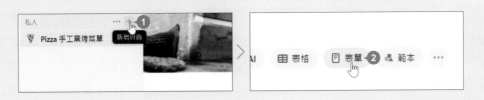

step 02 選按 **新表單** 輸入頁面名稱「產品訂單管理」加入圖示；接著於 **表單標題** 輸入：「Pizza 手工窯烤-團購訂單」，再為表單加入圖示與封面。

✦ 自訂表單問題與類型

step 01 表單說明：於 **說明** 填寫相關資訊，清楚傳達表單用途及填寫需求，確保填表人正確提交資訊。(或開啟書附資料 <表單文案.txt> 複製內容文字貼上)

step 02 建立 "姓名" 問題：輸入問題名稱「姓名」；卡片右上角選按 ⋯，**說明** 右側選按 ◯ 呈 ◖，設定 **問題類型：標題** (即資料庫中的 Aa 屬性類型，每筆資料的識別欄位。)，再於卡片輸入說明內容。

step 03 建立產品 1 問題 (需填入訂購數量)：輸入產品名稱；卡片右上角選按 ⋯，**說明** 右側選按 ◯ 呈 ◖，設定 **問題類型：數字**，再於卡片輸入說明內容。

step 04　最後一張卡片下方選按 ⊞ \ **數字**，新增一張 **數字** 問題類型卡片。

step 05　建立產品 2 問題 (需填入訂購數量)：輸入產品名稱；卡片右上角選按 ⋯，**說明** 右側選按 ◯● 呈 ●◯，再於卡片輸入說明內容。

step 06　建立產品 3 問題 (需填入訂購數量)：最後一張卡片下方選按 ⊞ \ **數字**，輸入產品名稱；卡片右上角選按 ⋯，**說明** 右側選按 ◯● 呈 ●◯，再於卡片輸入說明內容。

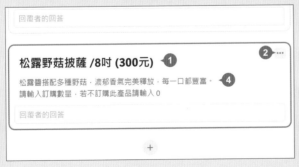

step 07　建立提貨方式問題 (只能選擇一種提貨方式)：最後一張卡片下方選按
⊞ \ **多選題** (目前表單無 **單選題** 類型可選用)，輸入產品名稱；卡片右
上角選按 ⋯，**說明** 右側選按 ◯ 呈 ◯ 。

此問題只能選擇一個選項，因此設定 **最高可選數量：1**，再於卡片輸入
說明內容與選項 (按 **+ 新增選項** 可新增項目)。

step 08　最後一張卡片下方
選按 ⊞ 新增卡片，
參考下表，依序輸
入名稱並指定類型，
完成 "提貨日期"、
"宅配地址"、"電子郵
件"...等五張卡片。

問題名稱	問題類型	說明
提貨日期	**日期**	無
宅配地址	**文字**	(若為店取，請輸入：「店取」)
電子郵件	**電子郵件**	無
電話號碼	**電話**	無
想跟店家說的話	**文字**	(若收件者名稱與下單者名稱不同，請在此處說明)

✦ 調整為 "必填" 的問題

必填 問題是指表單中不可略過的部分,確保收集到完整且必要的資訊,若 **必填** 問題沒有填寫就提交表單,系統會提示未填寫該問題,可避免因資料不足而影響後續處理。

step 01 以 "姓名" 為例:卡片右上角選按 ⋯ ,**必填** 右側選按 ◯ 呈 ◉。(卡片名稱右側會多一個 * 符號,代表已設定為必填。)

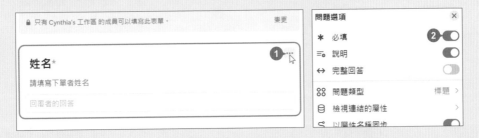

step 02 此表單中除了 "想跟店家說的話" 為選填問題,其他問題均為必填,依相同操作,將其他問題設定為 **必填**。

✦ 調整問題順序

將滑鼠指標移至需調整順序的問題卡片上方,按住並拖曳即可調整。將相關問題排列在一起,讓表單結構更清晰、有條理。不僅優化了填寫流程,也能提高填寫效率。

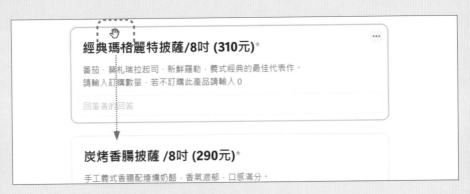

✦ 設定分享權限與預覽表單

完成設計後,需設定填寫權限,才可透過預覽檢查表單呈現效果,確認無誤後複製分享連結,即可方便且快速的分享並收集回應。

step 01 表單編輯畫面右上角選按 **共享表單**。

step 02 選按 **可以填寫的人**,設定此表單可以填寫的對象,此範例選擇 **網路上任何有這個連結的人**。

小提示

移除浮水印

此為 PLUS 版才可使用的功能,可設定是否於表單畫面上出現 Notion 浮水印 (若想關閉浮水印,於 **Notion 浮水印** 右側選按 🔵 呈 ⚪)。

step 03　表單編輯畫面右上角選按 **預覽**，會開啟新頁面預覽表單實際分享的畫面。

step 04　除了瀏覽並確認表單內容正確性，也可直接於表單選填資料，最後按 **提交** 將資料送出，測試是否有正常運作，後續可於資料庫的 **回應** 瀏覽模式觀看相關資料。

可直接複製預覽頁面上方的網址；或於表單編輯畫面右上角選按 **共享表單**，再選按 ⧉ 複製表單的分享連結。

將表單分享連結公告於相關行銷平台，或透過訊息直接通知，顧客即可透過表單快速填寫資料，最後選按表單最下方 **提交**，將資料送出完成下單。

2 資料庫表單的回應資料

填表人完成資料提交後會自動同步至資料庫,方便後續檢視、篩選與進度管理,提升數據管理效率與準確性。

✦ 隱藏、增加欄位屬性

建立表單時,資料庫會自動建立一個 "回應" 表格瀏覽模式,將表單問題轉換為屬性欄位並整理填表人填寫的資料。其中系統會自動加入 "回覆者" 與 "提交時間" (下單日期) 欄位,在此要進行欄位調整,以符合後續管理需求。

step 01 選按 **回應** 表格瀏覽模式標籤,"回覆者" 欄位目前暫時使用不到,可先在此瀏覽模式中設定為隱藏。選按 "回覆者" 欄位名稱 > **在瀏覽模式中隱藏**。

step 02 建立 "進度" 欄位,管理訂單進度:於資料庫最右側欄位選按 ⊞ 新增屬性,指定類型:**狀態**,輸入屬性名稱:「進度」。

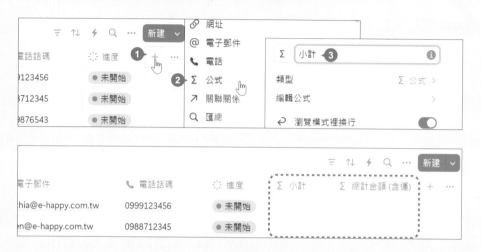

step 03　建立 "小計" 與 "總計金額 (含運)" 欄位，計算金額：於資料庫最右側欄位選按 ⊞ 新增屬性，指定類型：**公式**，輸入屬性名稱：「小計」；再依相同方式新增 "總計金額 (含運)" 的公式屬性欄 。

step 04　建立 "開始日期"、"完成日期"　"完成天數" 欄位，記錄與了解執行效率：於資料庫最右側欄位選按 ⊞ 新增屬性，指定類型：**日期**，輸入屬性名稱：「開始日期」並指定日期格式；再依相同方式新增 "完成日期" 的日期屬性欄 。

於資料庫最右側欄位選按 ⊞ 新增屬性，指定類型：**公式**，輸入屬性名稱：「完成天數」。

✦ 依業務需求調整欄位順序

調整產品訂單資料庫的欄位順序，有助於按照業務需求排列重要資訊，讓資料檢視更直觀，提升瀏覽、篩選與管理效率。

資料庫右側選按 ⋯ > **屬性**，將滑鼠指標移至需調整順序的欄位名稱，按住後往前、往後拖曳，將欄位擺放至適合的位置。(可參考下圖完成調整)

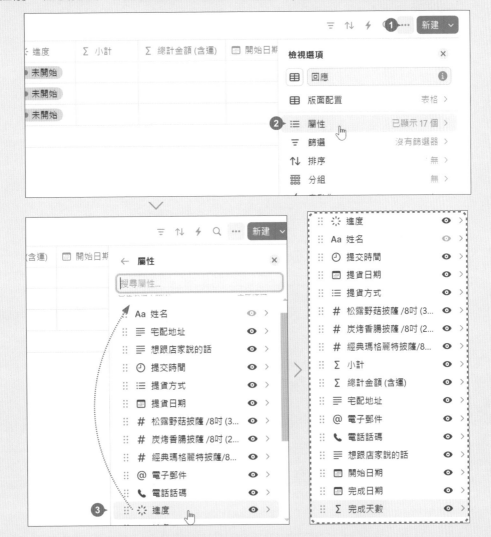

✦ 關閉表單問題名稱與屬性名稱同步

允許表單問題名稱與資料庫屬性名稱獨立設定，即可以使用更直觀或友善的語言設計表單問題，方便填寫者理解，而資料庫內則可以使用較簡單的屬性名稱的進行管理。這有助於在用戶體驗與後端管理需求之間取得平衡，特別適合需要針對不同受眾群體調整表單語氣的應用情境。

step 01 於 "表單建立人" 表單瀏覽模式，以產品卡片為例：卡片右上角選按 ⋯ ，**以屬性名稱同步** 右側選按 ◉ 呈 ◯ 。(依相同方式調整其他需要關閉表單問題名稱與屬性名稱同步的卡片)

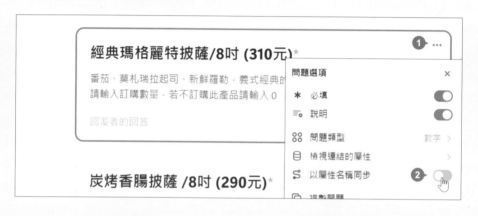

step 02 選按 **回應** 表格瀏覽模式標籤，於剛剛關閉 **以屬性名稱同步** 的欄位名稱上按一下滑鼠左鍵更名，可單獨修改資料庫屬性名稱，並與表單問題的名稱保持不同。

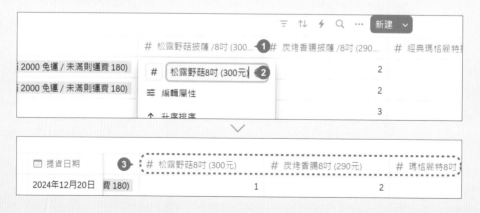

✦ 凍結欄位

凍結欄位可固定重要資料，如訂單編號或顧客名稱，多欄位資料庫橫向瀏覽時保持可見，方便快速參考關鍵資訊，提升資料查閱與管理效率。

step 01 於 "提貨日期" 屬性名稱上按一下滑鼠左鍵 > **凍結此欄**。

step 02 即會將指定的欄凍結為固定欄位，這樣在資料庫下拖曳水平捲軸時，該欄與其左側的欄將保持可見，讓你更方便對應其他資料與數據。

為資料庫中 "小計"、"總計金額 (含運)"、"完成天數" 三個欄位添加相對應的公式，以自動計算訂單的細項數據與每筆訂單的處理天數。

step 01 計算小計值：選按 "小計" 下方空格，開啟公式編輯視窗。

立人	回應	+			
名	⏱ 提交時間	🗓 提貨日期	# 瑪格麗特8吋 (310元)	Σ 小計	Σ 總
▣ 打開	2024年11月26日 上午9:51	2024年12月20日	2		

編輯列輸入如下公式 (或開啟書附資料 <公式.txt> 複製內容文字貼上；若有變更產品名請依變更的名稱調整)，再選按 **儲存** 完成公式編寫。

prop("松露野菇8吋 (300元)")*300+prop("炭烤香腸8吋 (290元)")*290+prop("瑪格麗特8吋 (310元)")*310

step 02 計算總計金額 (含運)：選按 "總計金額 (含運)" 下方空格，開啟公式編輯視窗。

🗓 提貨日期	元)	# 瑪格麗特8吋 (310元)	Σ 小計	Σ 總計金額(含運)	☰ 宅配地
2024年12月20日	2	2	1500		台中市中

編輯列輸入如下公式 (或開啟書附資料 <公式.txt> 複製內容文字貼上；此範例店取 (免運)，冷凍宅配 (滿 2000 免運 / 未滿則運費 180))，再選按 **儲存** 完成公式編寫。

if(contains(prop("提貨方式"),"店取(免運)"), prop("小計"), if(prop("小計") >= 2000, prop("小計"), prop("小計")+180))

小提示

關於 contains 函數

Notion 資料庫中,**多選** 屬性的資料無法直接在公式中進行像文字或數字一樣的運算,因此要判斷 "提貨方式" 中的資料,需要使用 contains() 函數來檢查某個特定選項是否存在於多選欄位中。

■ 用法:**contains(欄位, 要查找的資料)**

🌟 step 03 計算完成天數:選按 "完成天數" 下方空格,開啟公式編輯視窗。

編輯列輸入如下公式 (或開啟書附資料 <公式.txt> 複製內容文字貼上),再選按 **儲存** 完成公式編寫。

dateBetween(prop("完成日期"),prop("開始日期"),"days")

小提示

關於 dateBetween 函數

■ 用法:**dateBetween(日期1, 日期2, "單位")**

■ 功能:dateBetween 用於計算兩個日期之間的時間差,並以指定的時間單位 (如年、月、週、日) 返回數值。

✦ 自訂資料庫頁面佈局

資料庫為 Aa (標題) 屬性類型欄位每筆資料均配置一個專屬頁面,用戶可以根據需求設計該頁面佈局,選擇顯示哪些欄位、調整面板與頁面佈置,甚至自定義格式,使資料庫內容更加清晰與易於管理。

step 01 於 "產品訂單管理" 資料庫畫面右上角選按 ⋯ > **自訂版型**。

step 02 預設僅會於頁面名稱下方,依序列項各屬性與相對應資料,選按 **+ 加入到面板**,可指定放置右側面板的屬性,在此選按訂單中的一項產品。

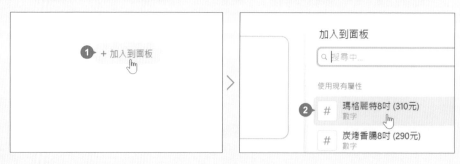

step 03 選按面板最下方的 ﹢,依相同方式,將其他產品屬性加入到面板。

step 04 面板屬性項目最下方選按 **+ 加入到面板**，依相同方式，將 "小計"、"總計金額(含運)" 屬性加入到面板。(若無出現該屬性，可選按 **更多選項**。)

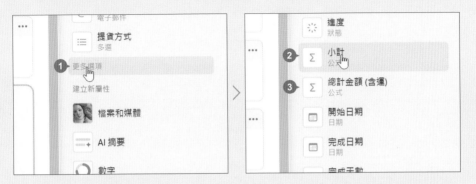

step 05 選按 "小計" 屬性項目，設定 **數字格式：帶千分位分隔符號的數字、風格：小**。

step 06 選按 "總計金額(含運)" 屬性項目，設定 **數字格式：帶千分位分隔符號的數字**。

頁面最下方選按 ⊞，加入 "提貨日期" 與 "提貨方式" 二個屬性。

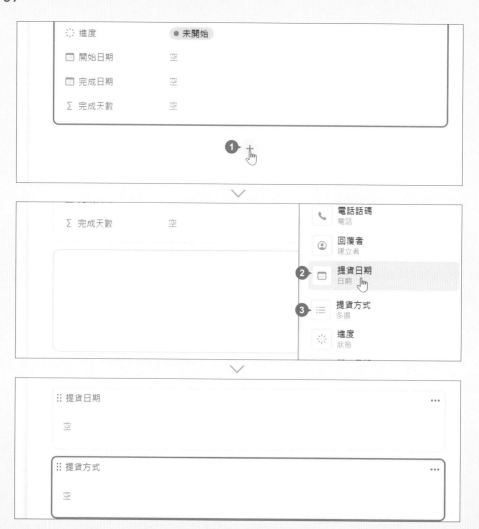

完成頁面佈局，右上角選按 **套用到所有頁面**。

step 09 回到資料庫於 "回應" 表格瀏覽模式，任一位填表人名稱右側選按 **打開**，會看到每筆資料專屬頁面即依剛剛完成的佈局呈現。(若需顯示右側詳細資料側邊欄，則須再選按 ▣ 圖示)

3 資料庫自動化：提升效率的智能助手 (Do it！)

讓任務管理更高效！訂單通知、電子郵件通知，進度日期標註，全自動執行操作。(此單元說明的自動化作業需 Notion Plus 版才能使用)

✦ 收到訂單：自動傳送通知給特定人員

產品訂單管理中，設定：收到訂單，自動傳送通知給特定人員 的自動化作業，能確保團隊即時得知有新訂單，迅速安排處理。這不僅提升了營運效率，也有效降低因延遲回應導致顧客流失的風險。在此要設計當收到新的訂單時 (顧客填表提交)，執行以下動作：

- 傳送一則訊息通知指定的人員："你有一筆新的訂單！(下單日期)"

step 01 於 "產品訂單管理" 資料庫任一瀏覽模式中，資料庫右側選按 ⚡，開啟自動化作業設定畫面。

step 02 確認適用於："產品訂單管理" 資料庫，選按 **+ 新觸發條件 >** **已加入頁面**。

step 03 選按 **+ 新動作 > 發送通知給...**，指定 **傳送通知給：特定人員**，並於 **人員** 清單選按此工作區擁有者帳號。

step 04 **訊息** 欄位輸入：「你有一筆新的訂單！」，選按 **@** > **觸發日期**，即可於通知訊息後方標註訂單提交日期。

step 05 最後選按 **建立**。

step 06 回到頁面，於自動化作業清單中會多了一個自動化作業項目，選按該項目可再次進入編輯與調整。

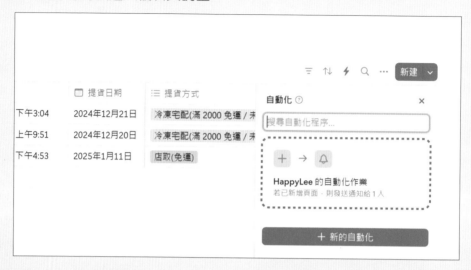

待後續收到新的訂單時 (顧客填表提交)，即可於此工作區左側 **收件匣** 收到通知，訊息內容為："(填表人姓名) 你有一筆新的訂單！ @ 觸發日期"；選按填寫人姓名即可開啟該筆資料頁面瀏覽。

✦ 收到訂單：自動發送電子郵件通知填表人

產品訂單管理中，設定：收到訂單：自動發送電子郵件通知填表人 的自動化作業，有助於立即向顧客確認訂單已成功提交，增強信任感與專業形象。同時，此功能可包含訂單摘要與後續說明，進一步提升整體服務體驗。在此要設計當收到新的訂單時 (顧客填表提交)，執行以下動作：

■ 傳送一則電子郵件通知填表人

　電子郵件主旨："(下單日期) 已收到您的訂單。"

　訊息內容：(填表人姓名) 您好，詳列訂單摘要，小計與含運總金額...等後續說明；以及傳遞官網資訊頁面，方便顧客取得更多產品訊息。

step 01　於 "產品訂單管理" 資料庫任一瀏覽模式中，資料庫右側選按 ⚡ > **+ 新的自動化**，開啟自動化作業設定畫面。

step 02　確認適用於："產品訂單管理" 資料庫，選按 **+ 新觸發條件 > 已加入頁面**。

step 03 選按 **+ 新動作 > 發送電子郵件給...**；指定發送電子郵件的 Gmail 帳號，**發送至** 清單選按 **@電子郵件** (填表人的電子郵件)，**主旨** 欄位輸入：「您好，已收到您的訂單。」。

step 04 將輸入線移至 **主旨** 欄位 "已收到......" 左側，選按 **@ > 觸發日期**，即可於此處標註訂單提交日期。

step 05 **訊息** 欄位輸入：明細與相關資訊 (或開啟書附資料 <郵件內容.txt> 複製、貼上)。將輸入線移至 **主旨** 欄位 "您好" 左側，選按 **@ > 觸發頁面 > 姓名**，即可於此處標註填表人姓名。

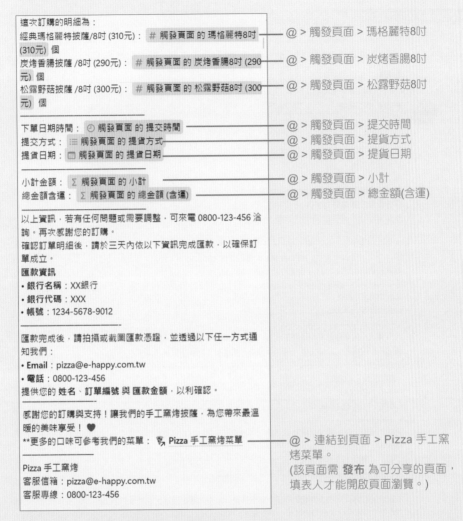
step 06 依相同方式，選按 **@ > 觸發頁面**，參考下圖標示加入相關的屬性項目，即可於電子郵件的訊息中標註。

這次訂購的明細為：

經典瑪格麗特披薩/8吋 (310元)： # 觸發頁面 的 瑪格麗特8吋 ────── @ > 觸發頁面 > 瑪格麗特8吋
(310元) 個

炭烤香腸披薩 /8吋 (290元)： # 觸發頁面 的 炭烤香腸8吋 (290 ────── @ > 觸發頁面 > 炭烤香腸8吋
元) 個

松露野菇披薩 /8吋 (300元)： # 觸發頁面 的 松露野菇8吋 (300 ────── @ > 觸發頁面 > 松露野菇8吋
元) 個

下單日期時間： 🕐 觸發頁面 的 提交時間 ──────────── @ > 觸發頁面 > 提交時間
提交方式： ☰ 觸發頁面 的 提貨方式 ──────────── @ > 觸發頁面 > 提貨方式
提貨日期： 🗓 觸發頁面 的 提貨日期 ──────────── @ > 觸發頁面 > 提貨日期

小計金額： Σ 觸發頁面 的 小計 ──────────── @ > 觸發頁面 > 小計
總金額含運： Σ 觸發頁面 的 總金額 (含運) ──────── @ > 觸發頁面 > 總金額(含運)

以上資訊，若有任何問題或需要調整，可來電 0800-123-456 洽
詢。再次感謝您的訂購。
確認訂單明細後，請於三天內依以下資訊完成匯款，以確保訂
單成立。
匯款資訊
• 銀行名稱：XX銀行
• 銀行代碼：XXX
• 帳號：1234-5678-9012

匯款完成後，請拍攝或截圖匯款憑證，並透過以下任一方式通
知我們：
• Email：pizza@e-happy.com.tw
• 電話：0800-123-456
提供您的 姓名、訂單編號 與 匯款金額，以利確認。

感謝您的訂購與支持！讓我們的手工窯烤披薩，為您帶來最溫
暖的美味享受！ ♥
**更多的口味可參考我們的菜單： 🍕 Pizza 手工窯烤菜單 ──── @ > 連結到頁面 > Pizza 手工窯
烤菜單。
(該頁面需 **發布** 為可分享的頁面，
填表人才能開啟頁面瀏覽。)

Pizza 手工窯烤
客服信箱：pizza@e-happy.com.tw
客服專線：0800-123-456

step 07 最後，**用顯示名稱傳送** 欄位可輸入官方店家名稱或其他填表人容易辨識的名稱，再選按 **儲存**。

當顧客填表提交後，會收到由資料庫自動寄出的電子郵件，內容包含：訂單摘要、費用明細與後續說明，用以清楚了解已完成訂購並可保留訂購記錄，進一步提升整體服務體驗。

您好， 2024年12月2日 上午11:33 已收到您的訂單。 🖨 ☑

`外部` ≫ `收件匣 ✕`

 Pizza 手工窯烤　　　　　　　　　　　　　　　上午11:35 (2 分鐘前)　☆　↩　⋮
寄給 我 ▾

Cynthia.T 您好：

感謝您的訂購，已收到您的訂單，
這次訂購的明細為：
經典瑪格麗特披薩/8吋 (310元)：3 個
炭烤香腸披薩 /8吋 (290元)：1 個
松露野菇披薩 /8吋 (300元)：0 個

下單日期時間：@2024年12月2日 上午3:33 (UTC)
提交方式：冷凍宅配(滿 2000 免運 / 未滿則運費 180)
提貨日期：@2024年12月18日

小計金額：1220
總金額含運：1400

以上資訊，若有任何問題或需要調整，可來電 0800-123-456 洽詢。再次感謝您的訂購。
確認訂單明細後，請於三天內依以下資訊完成匯款，以確保訂單成立。
匯款資訊
• 銀行名稱：XX銀行
• 銀行代碼：XXX
• 帳號：1234-5678-9012

匯款完成後，請拍攝或截圖匯款憑證，並透過以下任一方式通知我們：
• Email：pizza@e-happy.com.tw
• 電話：0800-123-456
提供您的 姓名、訂單編號 與 匯款金額，以利確認。

感謝您的訂購與支持！讓我們的手工窯烤披薩，為您帶來最溫暖的美味享受！ 🖤
**更多的口味可參考我們的菜單：Pizza 手工窯烤菜單

Pizza 手工窯烤
客服信箱：pizza@e-happy.com.tw
客服專線：0800-123-456

經由 Notion 自動化傳送

(↩ 回覆)　(↪ 轉寄)

✦ 開始進行訂單：自動標註開始日期

產品訂單管理中，設定：開始進行訂單，自動標註開始日期 的自動化作業，有助於即時記錄每筆訂單的處理起始點。對於需要處理多訂單並行的情況，方便追蹤訂單進展並計算處理時間。在此要設計開始進行訂單時，執行以下動作：

■ 當資料庫 "進度" 欄為 **進行中**，將 "開始日期" 設定為當天日期。

step 01
於 "產品訂單管理" 資料庫任一瀏覽模式中，資料庫右側選按 🔳 > **+ 新的自動化**，開啟自動化作業設定畫面。

step 02
確認適用於："產品訂單管理" 資料庫，選按 **+ 新觸發條件 > 進度**。

step 03 僅核選 **進行中**，其他項目則取消核選，再選按 **完成**。

step 04 選按 **+ 新動作** > **編輯屬性** > **開始日期** > **觸發日期**；即會在 "進度" 狀態切換為 **進行中** 時，於 "開始日期" 欄會自動填入當天日期。

step 05 最後選按 **建立**。

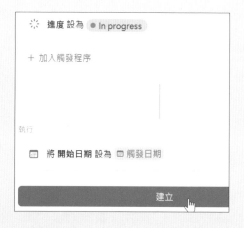

✦ 完成訂單：自動標註完成日期並計算進完成天數

產品訂單管理中，設定：完成訂單，自動標註完成日期 的自動化作業，可即時記錄每筆訂單的結束時間，並於 "完成天數" 欄位自動計算處理時長。不僅便於分析訂單效率，還能找出瓶頸、優化流程。在此要設計開始完成訂單時，執行以下動作：

■ 當資料庫 "進度" 欄為 **完成**，將 "完成日期" 設定為當天日期。

step 01　於 "產品訂單管理" 資料庫任一瀏覽模式中，資料庫右側選按 ⚡ > **+ 新的自動化**，開啟自動化作業設定畫面。

step 02　確認適用於："產品訂單管理" 資料庫，選按 **+ 新觸發條件 > 進度**。

step 03 僅核選 **完成**，其他項目則取消核選，再選按 **完成**。

step 04 選按 **+ 新動作 > 編輯屬性 > 完成日期 > 觸發日期**；即會在 "進度" 狀態切換為 **完成** 時，於 "完成日期" 欄自動填入當天日期。

step 05 最後選按 **建立**。

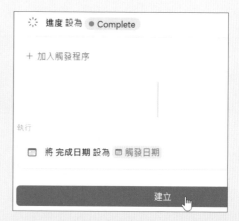

✦ 編輯與管理資料庫自動化作業

建立自動化作業後，編輯與管理是確保流程穩定運行的關鍵；隨著需求變化，可能需要調整觸發條件、動作或通知對象。靈活管理自動化作業有助於快速應對專案變更，避免因邏輯錯誤或流程不符造成工作中斷，進一步提升效率與準確性。

step 01 於 "產品訂單管理" 資料庫任一瀏覽模式中，資料庫右側選按 ⚡，開啟自動化作業清單。

step 02 直接選按自動化作業項目可編輯原有設定；自動化作業項目右上角選按 ⋯，可執行 **編輯**、**建立複本** 與 **刪除** 管理動作。

將現有資料庫快速轉換為表單

Notion 不僅支援在頁面中新增表單,還能將現有資料庫快速轉換為表單,讓用戶或團隊夥伴更輕鬆地建立與輸入資料,提升效率。

可開啟任一個現有的資料庫或前面章節完成的資料庫,依下方的說明轉換為表單。

step 01 資料庫瀏覽模式標籤列,選按 ⊞ > **表格**。

![定期費用預算管理資料庫瀏覽模式畫面]

step 02 選按 **建立 * 個問題**,會依現有資料庫屬性自動生成表單問題;若選按 **從零開始**,則會開啟一空白表單,其後的操作與設定方式與前述說明完全相同。

PART

11

Notion 高效工具集
外掛整合與實用技巧

單元重點

應用外掛程式，以及插入 PDF、Google 文件、試算表...等，探索 Notion 中省時方便的小工具與技巧。

- ☑ 擷取網頁內容
- ☑ 匯出成 PDF 格式
- ☑ 整合 Google 文件與試算表
- ☑ 插入 PDF 檔案
- ☑ 插入 YouTube 影片
- ☑ Evernote 轉移至 Notion
- ☑ 建立回到頁首
- ☑ 上一層的連結
- ☑ 設計同步區塊
- ☑ 資料庫並排呈現
- ☑ 各種資料庫轉換
- ☑ 搜尋筆記內容
- ☑ 節省區塊方法
- ☑ 線上圖示資源
- ☑ 多個帳號管理
- ☑ 救回刪除的帳號
- ☑ 在行動裝置搜尋筆記內容
- ☑ 在行動裝置建立 Notion 頁面捷徑

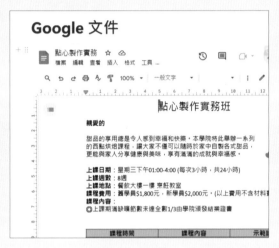

Notion 學習地圖 \ 各章學習資源

作品：Part 11 Notion 高效工具集 - 外掛整合與實用技巧 \ 單元學習檔案

擷取網頁內容至 Notion　　Do it！

看到想保留的網頁資料，可以透過 Chrome 瀏覽器擴充功能 **Notion Web clipper** 擷取網頁內容儲存至 Notion。

step 01 開啟 Chrome 瀏覽器，連結至線上應用程式商店首頁 (https://chrome.google.com/webstore/category)，於搜尋列輸入「notion web clipper」，清單中選按 **Notion Web Clipper**，選按 **加到 Chrome > 新增擴充功能**。

step 02 安裝完成後，網址列最右側會跳出工具已加入 Chrome 訊息。

step 03 開啟要擷取的網頁，於網址列右側選按 ⬚ > **Notion Web Clipper**。

step 04 於上方欄位輸入欲儲存的名稱，先指定要存放的 **工作區**，再指定 **加入 到** 哪個頁面 (此擷取網頁會成為該頁的子頁面)，最後選按 **儲存頁面** 完 成擷取。

step 05 選按 **在 Notion 打開**，就可以看到剛剛擷取的網頁內容。

小提示

把網頁加到 "我的連結" 資料庫

若 **加入到** 指定為 **建立網路連結資料庫**，會在 Notion 帳號指定的工作區中，新增 **我的連結** 資 料庫，將擷取的網頁資料列項整理在資料庫中。

📚 **我的連結**

≡ 查看全部 ＋

📄 京都天橋立一日遊行程

匯出成 PDF、HTML...等格式

 Do it！

完成的頁面如果要使用其他程式開啟，可以匯出為 PDF、HTML、Markdown&CSV 三種格式。

step 01 頁面右上角選按 ⋯ > **匯出**。

step 02 視窗中選擇合適檔案格式類型，在此以 **PDF** 為例，下方可選擇要匯出的檔案是否包含資料庫，設定頁面大小、縮放比例...等，再選按 **匯出**，該檔案就會儲存至瀏覽器預設下載的資料夾位置。

Tip 3

整合 Google 文件、試算表與簡報 (Do it!)

Notion 可以嵌入 Google 文件、試算表與簡報,快速整合延續編輯。

✦ 嵌入 Google 文件並同步編輯

step 01 複製要貼入 Notion 頁面編輯的 Google 文件或試算表網址後,於 Notion 頁面輸入「/嵌入」(或「/embed」),選按 **嵌入**。 (預設僅能嵌入與 Notion 帳號同一組 Google 帳號中的 Google 文件、試算表與簡報,若非同一組帳號需開啟該 Google 文件、試算表、簡報的共用權限並設定為可編輯,即能嵌入與編輯。)

step 02 **嵌入連結** 下方欄位按 Ctrl + V 鍵貼上 Google 文件、試算表或簡報網址,再選按 **嵌入連結**。

step 03 嵌入的物件,可藉由滑鼠指標拖曳四周控點調整大小,同時於物件中的編輯會同步於原 Google 文件、試算表或簡報。(右上角選按 ⋯,清單中可選按 **評論**、**標題**、**建立複本**、**拷貝原始連結**、**查看原始內容**...等相關功能。)

■ 11-6

✦ 插入 Google Drive 內檔案預覽畫面

step 01 頁面空白區塊輸入「/google」，選按 **Google Drive**。

step 02 在 **瀏覽 Google Drive** 下方選按要插入連結的 Google Drive 帳號 (初次使用選按 **連接到 Google 帳號**，依步驟完成 Google 帳戶登入)，再選按檔案和 **Select** 完成。

step 03 插入的物件，僅能預覽內容，選按會以新的頁面開啟該文件及編輯平台。

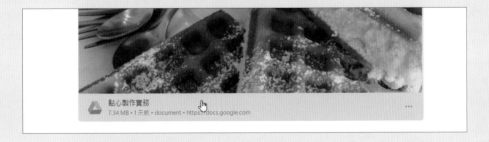

✦ 匯入 Google 文件

step 01 頁面空白區塊輸入「/google」，選按 **Google 文件**。

step 02 會開啟 **匯入資料** 視窗，選按 **連接到 Google 帳號** 下方選按要連結的 Google 帳號 (初次使用依步驟完成 Google 帳戶登入)，再選按檔案和 **Select** 完成。

step 03 會將 Google 文件的圖文內容直接匯入至新頁面中。(匯入的圖文內容並不會呈現原本的樣式，需再重新編輯。)

嵌入與匯入 PDF 檔案

Tip

Do it！

免費帳號頁面可以嵌入與匯入小於 5MB 的 PDF 檔案，還可增加註解、用瀏覽器開啟檢視原始 PDF 檔案。

N

提升篇

11

外掛整合與實用技巧

✦ 嵌入 PDF 文件

step 01　頁面空白區塊輸入「/pdf」，選按 **嵌入區塊 > PDF**，於 **上傳** 下方選按 **選擇檔案**，接著選擇 PDF 檔案後再選按 **開啟** 完成插入。

step 02　滑鼠指標拖曳四周控點可調整至合適大小。(右上角選按 ⋯，清單中可選按 **評論**、**標題**、**AI 輔助**、**查看原始內容**...等相關功能。)

step 01 頁面空白區塊輸入「/pdf」，選按 **匯入 > PDF**。

step 02 會開啟 **匯入資料** 視窗及開啟對話方塊，接著選擇 PDF 檔案後再選按 **開啟** 完成插入。

step 03 會新增頁面，將 PDF 文件的圖文內容直接匯入至頁面中。(匯入的圖文內容並不會呈現原本的樣式，需再重新編輯。)

天然有機貓糧

天然有機貓糧海洋魚貝亮毛護膚配方

讓你的貓咪愛上健康飲食！這種有機配方含豐富的海洋魚貝，可以維持貓咪健康亮麗毛髮，並提供全方位的營養照護。不添加防腐劑或人工色素，只使用天然成分，讓你的貓咪享受健康又安全的飲食體驗。

產品配方成分介紹

插入指定時間點的 YouTube 影片 （Do it！）

Notion 頁面也可以插入 YouTube 影片，還可插入指定時間點的片段，讓數位筆記不再只有文字與圖片。

step 01　開啟要插入的 YouTube 影片，播放影片到要插入的時間點後按暫停播放，選按 **分享**，於開啟的視窗中核選 **開始處**，再選按網址右側 **複製**。

step 02　回到 Notion 頁面，於要插入影片的區塊按 Ctrl + V 鍵貼上網址，再選按 **嵌入** 即可插入影片。選按播放時，影片會從指定的時間點開始播放，滑鼠指標移至圖片左右邊框可以拖曳調整大小。(右上角選按 ⋯，清單中可選按 **評論**、**標題**、**拷貝原始連結**、**查看原始內容**...等相關功能。)

6 將 Evernote 無痛轉移至 Notion $\qquad$ (Do it！)

Notion 可以藉由匯入功能,將原於 Evernote 內的所有資料整合至 Notion 來統一管理。

step 01 頁面空白區塊輸入「/evernote」,選按 **Evernote**。

step 02 會開啟 **匯入資料** 視窗及 Evernote 登入畫面,選按欲登入帳號的方式或輸入註冊的 Email 信箱。(在此示範使用 Google 帳號登入)

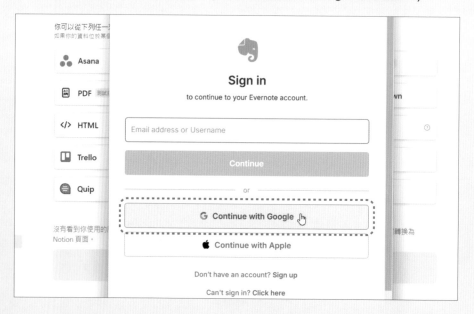

step 03 授權畫面中設定授權天數 (最長 1 年)，選按 **授權**。

step 04 **Evernote** 項目下方會出現記事本清單，核選欲匯入的項目，再選按 **匯入** 即可。

step 05 匯入的 Evernote 文件會列項於側邊欄，並依原 Evernote 中的主題為主頁面，內容則以資料庫的方式整合。

Tip 7 建立回到頁首或上一層的導覽路徑 (Do it!)

面對多層級頁面結構,建立回到頁首或上一層的導覽路徑能提升操作效率,讓資料瀏覽更流暢並優化工作流程。

頁面最下方空白區塊輸入「/頁面路徑」(或「/breadcrumb」),選按 **頁面路徑**。

完成後會產生連結項目。如果是在本頁產生,選按即可回到頁首;如果是在子頁面產生,則變成階層式導覽路徑,選按會跳到指定頁面。

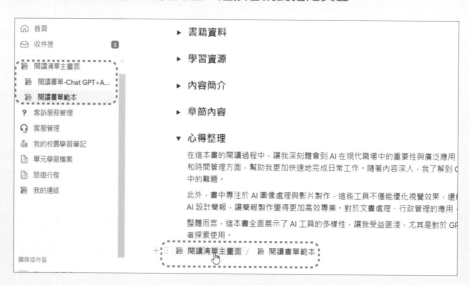

設計同步區塊選單

同步區塊中的內容可跨頁面同步更新與調整，減少利用手動重複複製、貼上會發生的操作錯誤，提高工作效率。

Do it！

✦ 建立同步區塊

Notion 中有些內容會一再重複出現於不同頁面，例如 "閱讀清單" 頁面中的 "線上購書平台" 網址，如果以傳統的複製、貼上方式來製作，一旦調整會需要一個個修改，既麻煩又花時間。同步區塊幫你節省重複內容修改所需花費的時間並提升正確性，若有修改也會同步更新。

step 01 拖曳選取欲設置同步區塊的區塊，將滑鼠指標移至 "線上購書平台" 左側選按 ⠿ > **轉換成** > **同步區塊**。

step 02 滑鼠指標移至同步區塊時會出現紅色標記框，提醒你這個區塊是同步區塊。

✦ 複製同步區塊至其他頁面

step 01 在同步區塊中按一下滑鼠左鍵，會出現同步區塊的紅色標記框，標記框右上角選按 **拷貝並同步** 複製。

step 02 接著開啟欲貼上同步區塊的頁面，新增空白區塊後，按 Ctrl + V 鍵貼上同步區塊。

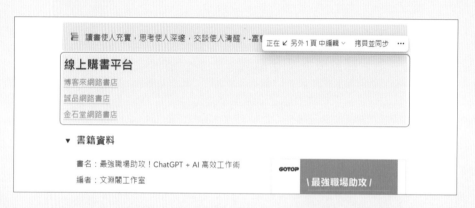

step 03 之後只要修改任一同步區塊中的內容，相對應的同步區塊內容也會一起變更。

資料庫並排呈現

資料庫無法像一般文字區塊可以隨意搬移並排,當需要時可依以下步驟操作。

step 01　空白區塊按一下滑鼠左鍵,輸入「/2欄」(或「/2c」),選按 **2 欄**,即可於該行以二個並排區塊呈現。

step 02　滑鼠指標移至資料庫檢視標籤左側,按住 ⠿ 不放拖曳至左側區塊上方出現藍色線條再放開,再依相同方法將第二個資料庫移到右側區塊。

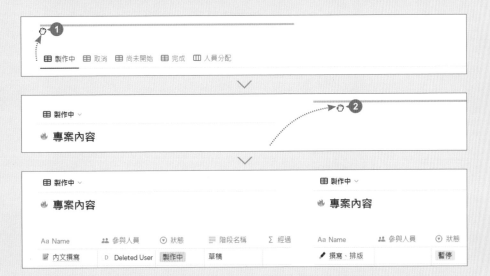

10 簡易表格與各式資料庫轉換

頁面中可建立簡易表格、資料庫 "內嵌" 與 "整頁"，如果需要彼此快速轉換時，可以參考以下方式。

✦ 表格轉資料庫

表格中的資料想要使用進階分類項目或計算功能，需要轉換為資料庫。在保留原始表格內容情況下，滑鼠指標移至表格左側選按 ⠿ > **轉換成資料庫**，即可將表格內容轉換成資料庫。

✦ 資料庫 "內嵌" 轉換為 "整頁"

資料庫 "內嵌" 轉換為 "整頁"，是將資料庫在主頁面中以子頁面的方式呈現。

滑鼠指標移至資料庫左側選按 ⠿ > **轉換成頁面**，即可將資料庫 "內嵌" 轉換為資料庫 "整頁"。

✦ 資料庫 "整頁" 轉換為 "內嵌"

資料庫 "整頁" 轉換為 "內嵌",是將原來以頁面型態呈現的資料庫嵌入到現有的頁面中,"內嵌" 可於資料庫上方或下方增加文字、 圖片、資料庫...等。

滑鼠指標移至整頁資料庫左側選按 ⠿ > **轉換成內嵌** 轉換成資料庫 "內嵌"。

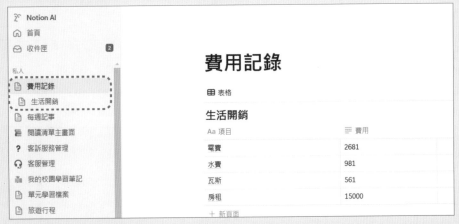

Tip 11 搜尋 Notion 筆記內容

(Do it！)

當建立許多頁面及資料以後，尋找資料可能需要花一點時間，可以用內建的進階搜尋，還能設定不同的條件來篩選搜尋結果。

step 01 側邊欄選按 **搜尋** 或快速鍵 Ctrl + P 鍵，於搜尋欄列輸入關鍵字，下方會出現搜尋結果，選按頁面名稱即可開啟。

step 02 如果想要指定更多搜尋條件，欄位右側選按 回，下方會顯示更多選項，例如：**排序、僅顯示標題、人員、工作區、頁面、日期**...等項目。

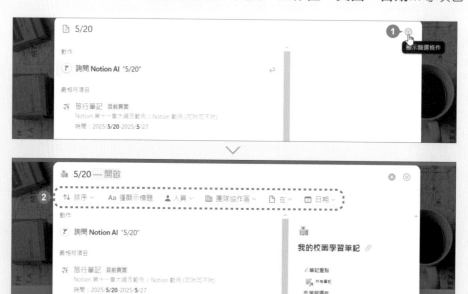

Tip 12 為團隊免費空間節省區塊的方法 (Do it！)

免費版的團隊工作區中有 1,000 個區塊編輯限制，如果不想再多開
工作區，可採用以下方法來節省區塊。

提升篇

11

外掛整合與實用技巧

◆ 程式碼區塊

程式碼區塊中不管使用多少次 Enter 鍵，都只算一個區塊。於頁面空白區塊輸
入「/程式碼」(或「/code」)，選按 **程式碼**，在程式碼的灰色區塊中就可以無
限制地按 Enter 鍵換行。

```JavaScript
關於這個網站
這個夏天，我們一行人前往香港進行的自助旅行，每天的行程只有大概的方向但是沒有詳細的規劃，
有時是集體行動，但有時會各奔東西。在同樣的時空到達不同的地點，期待感受不同的體驗。
這個夏天，我們一行人前往香港進行的自助旅行，每天的行程只有大概的方向但是沒有詳細的規劃，
有時是集體行動，但有時會各奔東西。在同樣的時空到達不同的地點，期待感受不同的體驗。
```
關於旅行的記錄
在這個網站中將整理在這幾天中我們曾經去過的、玩過的、吃過的、感受過的點點滴滴，無論您去過

◆ 換行不換區塊

按 Shift + Enter 鍵換行不會產生新的區塊，不論輸入多少內容都只算一個區
塊。滑鼠指標移至文字內容上，左側有 ⊞ 就算是一個區塊，如下圖 "關於旅
行的記錄" 段落就是一個區塊。

> 有時是集體行動，但有時會各奔東西。在同樣的時空到達不同的地點，期待感受不同的體驗。
> 這個夏天，我們一行人前往香港進行的自助旅行，每天的行程只有大概的方向但是沒有詳細的規劃，
> 有時是集體行動，但有時會各奔東西。在同樣的時空到達不同的地點，期待感受不同的體驗。
>
> ＋ ⊞ 關於旅行的記錄
> 在這個網站中將整理在這幾天中我們曾經去過的、玩過的、吃過的、感受過的點點滴滴，無論您去過
> 或是沒去過香港都能在這些文字、照片中想起心中曾有的記憶，或是編織計劃下一個旅行。在這裡準
> 備了以下的單元供您參考：
>
> ＋ ⊞ 景點特寫：在香港旅遊時經過的景點，透過文字與圖片進行簡短介紹。
> 玩樂行程：以地圖的方式標示相關的景點位置。
> 城市映像：分享旅行中的照片、影片等內容。
>
> ＋ ⊞ 最後，感謝旅行中曾給我們幫助、加油甚至是微笑的人們。

11-21

13 線上圖示資源免費下載

在頁面或內容中加上圖示，不僅能更清楚地傳達頁面主題，還能增強視覺吸引力，讓版面更加生動有趣。

✦ 取得 Notion 圖示：Notion Icons 網站

step 01 以 Notion Icons 網站示範 (網址：https://uno.notion.vip/icons/)，於要使用的圖示下方選按 **COPY** 複製該圖示網址。

step 02 於 Notion 頁面中選按 **加入圖示**，選按 **上傳**，再按 Ctrl + V 鍵貼上網址，再選按 **儲存** 完成圖示替換。

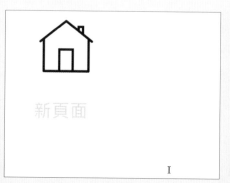

Super (網址：https://super.so/icons) 與 Notion Icons 網站相同，皆使用複製網址的方法即可替換圖示。

✦ 自訂 Notion 圖示：Notion Avatar 網站

step 01 個人化 Notion 圖示產生器示範 (網址：https://notion-avatar.vercel.app/zh)，網站中可以自訂圖示五官及配件，完成圖示後選按 **下載**，該檔案即會儲存至瀏覽器預設下載的資料夾。

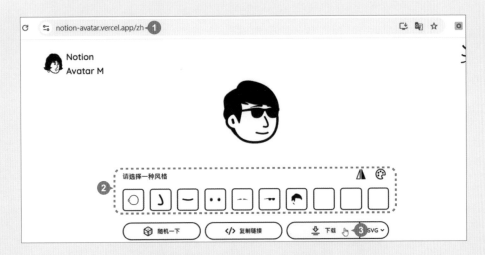

step 02 於 Notion 頁面中選按圖示 > **上傳** > **上傳圖片**，選擇上一個步驟下載的圖示後選按 **開啟**，再選按 **儲存** 即可完成圖示替換。

另外有以下三個網站，進入網站後選按圖示下載，再依相同方法替換圖示：

■ icofont (網址：https://icofont.com/icons)

■ ICONS8 (網址：https://icons8.com/)

■ notion icons v5 (網址：https://notionv5.vyshnav.xyz/)

14 同時管理多帳號的工作區項目

Notion 可以同時登入多個帳號，方便隨時管理與開啟不同帳號的工作區。

✦ 登入更多帳號與切換工作區

側邊欄上方選按工作區名稱 > **加入另一個帳號**，依步驟登入另外一組帳號後，可進入該帳號，再次選按工作區名稱可同時瀏覽多組帳號工作區項目。

✦ 登出帳號

側邊欄上方選按工作區名稱，於清單中欲登出的帳號右側選按 ⋯ > **登出** 即可以登出。

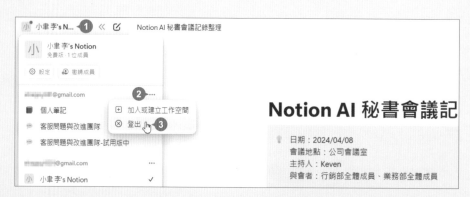

Tip 15 調整工作區順序

Do it！

一個帳號可以新增多個工作區，還可以依使用的順序或重要性，調整工作區前後順序。

側邊欄上方選按工作區名稱，滑鼠指標移至要移動的工作區左側，按住 ⠿ 往上或下拖曳，即可移動工作區順序。

Tip 16 在新分頁開啟指定頁面

Do it！

編輯內容時常需要比對或參考其他頁面資料，使用新分頁快速開啟另一個頁面，可以省下不少時間。

按住 Ctrl 鍵再選按要開啟的頁面，會在新分頁 (新視窗) 中開啟指定頁面。

救回刪除的頁面

Do it !

在 **垃圾桶** 裡可恢復的內容分為二種,一種是頁面,另一種則是資料庫中的資料,如果不小心刪除了,都可以再救回來。

✦ 還原頁面

側邊欄選按 **垃圾桶**,清單中可以看到已刪除的內容,於要恢復的頁面右側選按 ↩ 即可恢復頁面。(選按 🗑 即會永久刪除頁面)

✦ 還原資料庫資料

開啟欲還原的資料庫頁面,側邊欄選按 **垃圾桶**,清單中可以看到已刪除的內容 (下方會顯示頁面與資料庫名稱),於要恢復的資料右側選按 ↩ 即可將資料還原至資料庫。(選按 🗑 即會永久刪除資料)

Tip 18 在行動裝置搜尋筆記內容 Do it!

利用關鍵字，快速搜尋 Notion 的頁面及資料，還可以指定篩選條件，快速搜尋出符合標題、頁面或作者...等內容。

step 01 頁面下方點選 🔍，於搜尋欄位中輸入關鍵字，會出現搜尋結果清單，點選頁面即會開啟。

step 02 如果想要指定更多搜尋條件，可以點選 ☰，下方會提供如：**排序、僅顯示標題、建立者**...等篩選項目。

19 在行動裝置建立 Notion 頁面捷徑 ⟨Do it!⟩

把常用的頁面以捷徑的方式產生在行動裝置主畫面，讓你隨時可以快速開啟。

✦ Android 建立捷徑

step 01 點住 Notion App 圖示不放，點選 **釘選頁面** 開啟 Notion，點選欲建立捷徑的工作區與頁面，再點選 **完成**。

step 02 最後再點選 **新增到主畫面**，即可建立該頁面捷徑圖示，之後只要點選就可以開啟指定頁面。

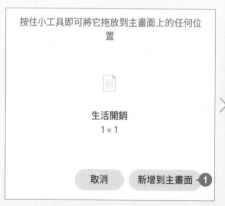

✦ iOS 建立捷徑

step 01 點住 Notion App 圖示不放，點選 **編輯主畫面**，再點選 **編輯 > 加入小工具**。

step 02 清單中點選欲建立捷徑的 App，左右滑動選擇要快速存取的樣式，再點選 **加入小工具**。(在此示範 **頁面**)

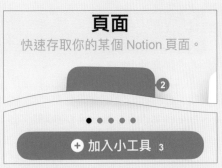

step 03 點選 **輕點並按...**，設定 **工作空間** 和 **頁面**，再於畫面其他位置點一下，最後點選 **完成**，之後只要點選此捷徑就可以開啟指定頁面。

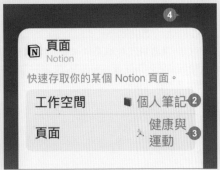

Notion X AI 高效管理 300 招(第二版)：筆記×資料庫×團隊協作×自動化，數位生活與工作最佳幫手

作　　者：文淵閣工作室 編著　鄧君如 總監製
企劃編輯：王建賀
文字編輯：江雅鈴
設計裝幀：張寶莉
發 行 人：廖文良

發 行 所：碁峰資訊股份有限公司
地　　址：台北市南港區三重路 66 號 7 樓之 6
電　　話：(02)2788-2408
傳　　真：(02)8192-4433
網　　站：www.gotop.com.tw
書　　號：ACV047700
版　　次：2025 年 01 月二版
建議售價：NT$560

國家圖書館出版品預行編目資料

Notion X AI 高效管理 300 招：筆記×資料庫×團隊協作×自動化，數位生活與工作最佳幫手 / 文淵閣工作室編著. -- 二版. -- 臺北市：碁峰資訊, 2025.01
　　面；　公分
　　ISBN 978-626-324-993-6(平裝)
　　1.CST：套裝軟體
312.49　　　　　　　　　　　　　113020652

選取文字後，選按 cmd/Ctrl + Shift + S	文字刪除線
選取文字後，選按 cmd/Ctrl + K	為文字添加連結
選取文字後，選按 cmd/Ctrl + E	文字轉程式語言格式
選取文字後，選按 cmd/Ctrl + Shift + H	套用最後一次使用的文字顏色

✦ 區塊樣式、編輯和移動

快速鍵	用途
─、─、─ (輸入三個減號)	分隔線
cmd/Ctrl + option/Shift + 1	標題一 (Heading 1)
cmd/Ctrl + option/Shift + 2	標題二 (Heading 2)
cmd/Ctrl + option/Shift + 3	標題三 (Heading 3)
cmd/Ctrl + option/Shift + 4	待辦清單 (To-do list)
cmd/Ctrl + option/Shift + 5	項目符號列表 (Bulleted list)
cmd/Ctrl + option/Shift + 6	有序列表 (Numbered list)
cmd/Ctrl + option/Shift + 7	摺疊列表 (Toggle list)
cmd/Ctrl + option/Shift + 8	程式碼 (code)
cmd/Ctrl + option/Shift + 9	將插入點目前所在區塊轉換為頁面
cmd/Ctrl + +	放大畫面顯示比例
cmd/Ctrl + −	縮小畫面顯示比例
cmd/Ctrl + A	全選區塊文字
cmd/Ctrl + D	為目前區塊建立複本

N 快速鍵列表

熟悉 Notion 快速鍵可以讓編輯更順手，以下快速鍵列表依幾種不同使用情境整理列項，其中會有幾組組合鍵：

· cmd/Ctrl 鍵：代表 Mac 鍵盤 command⌘ 鍵及 Windows 鍵盤 Ctrl 鍵。

· option/Alt 鍵：代表 Mac 鍵盤 option 鍵及 Windows 鍵盤 Alt 鍵。

· option/Shift 鍵：代表 Mac 鍵盤 option 鍵及 Windows 鍵盤 Shift 鍵。

✦ 最常使用

快速鍵	用途
cmd/Ctrl + N	開啟新頁面 (限 Notion 電腦版使用)
cmd/Ctrl + Shift + N	開啟新 Notion 視窗 (限 Notion 電腦版使用)
cmd/Ctrl + [	回到上一頁
cmd/Ctrl +]	回到下一頁
cmd/Ctrl + Shift + L	切換背景顏色為淺色或深色模式
Mac：Ctrl + command⌘ + Space Windows：⊞ + >.	開啟表情符號清單 (包含 emoji、GIF、顏文字、符號)

✦ 文字專屬格式套用

選取文字後，搭配下方多組快速鍵，可以快速變更文字樣式。

快速鍵	用途
選取文字後，選按 cmd/Ctrl + Shift + M	加評論
選取文字後，選按 cmd/Ctrl + U	文字底線
選取文字後，選按 cmd/Ctrl + B	文字加粗
選取文字後，選按 cmd/Ctrl + I	文字斜體

🅽 Markdown 語法快速鍵列表

Markdown 語法快速鍵可以快速套用文字及區塊樣式。

✦ 文字樣式

輸入內容時，左右以語法符號包夾內容，即可設定文字樣式。

快速鍵	語法	用途
Shift + *	**文字**	文字加粗
Shift + *	*文字*	文字斜體
~ (1 左側按鍵)	\`文字\`	程式語言格式
Shift + ~	~文字~	刪除線

✦ 區塊樣式

區塊開始處依語法輸入符號，再按一下 Space 鍵，即可套用樣式。

快速鍵	語法	用途
Shift + *	*	項目符號列表 (Bulleted list)
[、]	[ ]	待辦清單 (To-do list)
1 、 >.	1.	有序列表 (Numbered list)
Shift + 3	#	標題一 (Heading 1)
Shift + 3	##	標題二 (Heading 2)
Shift + 3	###	標題三 (Heading 3)
Shift + >.	>	摺疊列表 (Toggle list)
Shift + ",	"	引用 (Quote)

N 快速鍵列表

快速鍵	用途
cmd/Ctrl + F	一般搜尋
cmd/Ctrl + P	進階搜尋可加篩選條件
cmd/Ctrl + Shift + U	在頁面層結構中上升到上一層
cmd/Ctrl + option/Alt + T	展開、收合所有摺疊列表 (Toggle list)
Shift + ↑ ↓ ← →	延伸選取範圍
cmd/Ctrl + Shift + ↑ ↓	上、下移動區塊
Tab	內縮；若上方區塊有套用項目符號列表樣式，會切換至下一階層。
Shift + Tab	取消內縮；若目前區塊為項目符號列表樣式，會減少項目符號階層。
cmd/Ctrl + ?/	開啟該區塊的設定清單，可編輯類型、顏色、刪除、複製...等。
option/Alt + ⠿	拖曳區塊時可複製區塊
[[、[[(輸入二個 [符號)	選擇另一個頁面的名稱會新增頁面連結 選擇 加入子頁面 新增子頁面 選擇 加入頁面到... 於指定頁面新增子頁面
Shift + ²	"@" 可標註日期、人員或頁面
選取文字後，選按 Space	將圖片以浮動畫面放大至全螢幕預覽
選按區塊的 ⠿ 後， 選按 Backspace 或 Del	刪除區塊
Alt + J	開啟資料庫項目頁面時，切換到下一個
Alt + K	開啟資料庫項目頁面時，切換到上一個
cmd/Alt + Ctrl + Shift + F	將頁面加入 最愛

部分輸入法會影響快速鍵使用，切換為英文輸入即可解決此問題。